"十三五"高职高专园林专业规划教材

园林工程施工

主　编　孔杨勇

副主编　胡小斌　应利利

ZHEJIANG UNIVERSITY PRESS
浙江大学出版社

图书在版编目（CIP）数据

园林工程施工 / 孔杨勇主编. —杭州：浙江大学
出版社，2015.8（2021.2 重印）
　ISBN 978-7-308-14982-2

　Ⅰ．①园… Ⅱ．①孔… Ⅲ．①园林－工程施工－高等
职业教育－教材 Ⅳ．①TU986.3

中国版本图书馆 CIP 数据核字（2015）第 183277 号

园林工程施工

孔杨勇　　主编

责任编辑	阮海潮（ruanhc@zju.edu.cn）
责任校对	陈慧慧　　丁佳雯
封面设计	杭州林智广告有限公司
出版发行	浙江大学出版社
	（杭州市天目山路 148 号　邮政编码 310007）
	（网址：http://www.zjupress.com）
排　　版	杭州中大图文设计有限公司
印　　刷	广东虎彩云印刷有限公司绍兴分公司
开　　本	787mm×1092mm　1/16
印　　张	8.75
字　　数	170 千
版 印 次	2015 年 8 月第 1 版　2021 年 2 月第 2 次印刷
书　　号	ISBN 978-7-308-14982-2
定　　价	25.00 元

前　言

随着我国城市化发展水平的不断提高以及城市化建设的不断推进,园林工程项目的建设数量相应增加,对于建设质量的要求也进一步提高,从而对国内园林工程施工人才的培养提出了更高的要求。

根据我国高等职业技术教育的特点,参照高职高专教育土建类专业教学指导委员会规划园林类专业分指导委员会编制的《高等职业教育园林工程技术专业教学基本要求》所设定的相关内容,结合当前国内各类型园林工程项目施工管理实际和园林工程技术专业人才今后的发展特点,本教材重点考虑将园林工程项目实际施工过程中主要涉及的、同时也是最为主要的地形土方工程、道路工程、绿化工程、水景工程、假山工程等五大部分施工内容逐章编写。在编写过程中,力求突出重点,努力贯彻最新工程标准和规范,有关内容积极接轨现场施工实际需要,并及时融入新工艺、新技术和新材料,体现园林工程项目施工特色。

本教材每章前均设有"本章内容提要",每章后均设有"复习思考题"和相应的"实训操作项目",有利于理论知识的学习和实训项目的开展;教材中每个主要章节均配套收录了大量的一线施工实景图片,有利于更加生动的学习和直观的理解。

本教材得到了赵健、吴金锋、张路明、张峰元等同学的热心帮助和浙江中瓯园林建设有限公司等企业的大力支持,在此一并表示感谢。

在教材编写过程中,参考了有关著作和资料,在此向有关作者表示衷心的感谢。

由于作者自身水平与能力有限,本书在编写过程中难免会出现一定疏漏和不足之处,恭请广大读者批评指正,促进共同进步。我们对此深表谢意!

编　者

2015 年 5 月 28 日

目　录

第一章

绪　论

本章内容提要

　　根据现阶段园林工程施工的整体现状及发展要求,本章全面阐述了园林工程施工的内容与特点,介绍了园林工程的施工程序,并对园林工程的发展趋势做了预测。通过本章的学习,希望同学们能明确本课程的重要地位,熟悉本课程的重点内容,为后续章节的学习打好基础。

第一节　园林工程施工内容与特点

　　随着城市化发展水平的不断提高以及城市化建设的不断推进,园林工程正越来越多地走进人们的视野,其对提升和改善城市环境、提高城市居民生活质量、提升城市魅力和吸引力等方面具有非常重要的作用。园林工程施工是一个实践性很强的过程,科技进步带来了施工手段与施工技术的变革,这些变革也为园林工程施工水平的提高提供了有效支持。与传统的园林工程相比,现代化的园林建设不断推陈出新,大多是以新型的设计呈现给人以新的感官享受,并为迎合现代人们的审美观而不断进行着变革。其不再局限于花草树木,而是根据实际情况需要做出参差多姿的生态建设。园林建设在保证其艺术性的同时,更是以打造舒适宜居的环境为最终目标。

一、园林工程施工的内容

在建设规模较大的综合型园林工程项目中,园林工程施工的内容大致可以包括地形土方工程、给排水工程、电气工程、水景工程、园路工程、假山工程、绿化工程、建筑工程等几个部分。然而,结合各类型园林工程项目施工实际,其中的地形土方工程、水景工程、园路工程、假山工程、绿化工程等五大部分是园林工程施工中最为常见同时也是最为主要的施工内容。

(一)地形土方工程

大凡园筑,必先动土。在园林工程建设中,土方工程往往首先进行。这个阶段施工的最大特点就是涉及范围特别广泛,无论是开池筑山、平整场地,还是挖沟埋管、开槽铺路、安装园林设施,均需动用土方。园林工程中地形土方工程,主要包括园林地形整理、土方工程量计算和土方施工三大方面内容。

地形整理是指根据园林绿地的总体规划设计要求,对现场地面进行填、挖、堆筑等操作,为园林工程建设整理改造出一个能够适应各种项目建设、更有利于植物生长的地形,这主要依据场地竖向设计开展。土方工程量计算的方法有很多,目前在园林工程中最常应用的方法主要有公式估算法、断面法和方格网法三种。土方施工往往应做好施工前的准备工作,分析施工现场条件,制定出相应施工措施与方法。施工内容主要包括挖、运、填、压等操作以及与之相对应的施工方法。

在具体施工实践中,要严格遵守有关的技术规范和原设计的各项要求,做好土壤施工前的各项准备工作,包括根据施工组织设计及施工要求进行施工人员、机械设备、材料物资的合理分配,然后再按原设计进行挖土、运土、填土和堆山、压实等工序施工,以确保园林工程土方施工的顺利进行。施工时还应尽量相互利用材料,减少不必要的搬运,只有这样才能提高施工效率,加快进度及节约投资。

(二)园林道路工程

园林中的道路工程,往往包括园路布局、园路结构和地面铺装等施工。园路须因地制宜,主次分明,有明确的方向性。园路布局要从园林的使用功能出发,根据地形、地貌、风景点的分布以及园务活动的需要而综合考虑。中国园林多以山水为中心,故园路布局也多采用自然式布局,讲究含蓄。

在园路的具体布置和施工中,往往需要考虑以下几点:

一是园路的回环性。园林中的道路多为四通八达的环形路,游人从任何一点出发都能遍游全园,不走回头路,因而需要注意做好各条园路之间的合理衔接。

二是园路要疏密适度。园路的疏密度要同园林的规模和性质紧密结合起来,注意各自所占体量的大小。

三是园路要因景筑路。园路要注意与周边景色相通相连,所以在园林中是因景得路,要与周边景观融为一体。

四是园路具有曲折性。园路往往随地形和景物的变化而常有曲折起伏,若隐若现,因而也就对园路的放样走向以及施工过程中许多细节的把握提出了更高的要求。

五是园路形式的多样性。园路的形式往往是多种多样的,可以根据不同园路类型和景观的需要而设计成各种不同的园路结构和地面铺装样式,从而以其丰富的体态和情趣来装点园林,使园林因路而更加引人入胜,但这同时也提升了各式材料准备和不同结构园路施工的难度和复杂度。

(三)园林绿化工程

园林绿化工程是园林建设工程项目区别于其他类型建设工程项目的最主要内容之一,是园林工程施工中最具有生命力的施工内容。绿化工程施工需要按照设计总体要求,种植植物并使其成活,尽早发挥绿化美化作用。在绿化施工过程中需要时时体现设计思想和设计理念,如不严格按图施工,将有可能歪曲整个设计理念,从而影响绿化美化效果。

植物的生态习性决定了施工的技术要求。在整个施工环节,只有很好地掌握植物对生态环境的需求,制订出相应的技术措施,才能按照绿化设计进行具体的植物栽植与造景。根据对施工现场的调查研究来编制相应的施工计划,并根据实际情况对计划进行适当调整,保证工程进度计划的实施。施工单位应当严格按照有关绿化工程施工及验收规范要求,对工程建设全过程实施全面的工程监理和质量控制。

(四)园林水景工程

水景工程是各类园林工程建设中通过采用自然或人工方式而形成的各类水体景观相关工程的总称。园林景观中有水,不但能增加景观效果,使景色充满生机和活力,而且还具有灌溉、消防、增湿、划水等生活、娱乐价值。在园林工程营造中,水景的应用是不可或缺的。

水景工程施工中既要充分利用可利用的自然山水资源,又不可产生大的水资源浪费;既要保证各类水景工程的综合应用,又要与自然地形景观相协调;既要符合一般工程中给、用、排水的施工规范,又要符合水利工程的施工要求。在整个施工过程中,还要高度重视水资源污染的防治和水景工程的安全使用等方面问题。

水景工程是现代园林的重要组成部分,包括小型水闸、驳岸、护坡、湖面、水池、溪流、瀑布、喷泉以及与之相配套的植物配置等诸多内容。随着园林建设中水景应用的逐渐增多,通过良好的设计与施工来确保景观水体的景观效果、水体质量与生态功能显得越加重要。

(五)假山工程

假山是表现中国自然山水园林的重要特征之一。作为一种自然式山水园林,中国园林的基本特征是追求天然之趣。因此在造园中,掇石叠山被列为造园的重要要素。在园林工程中,虽然假山的类型多种多样,但在实际施工中,假山主要具有以下几方面的共同特点:

一是艺术性。假山作为园林景观的重要组成部分,在进行设计和建造时,需要充分考虑其与园林建筑、植物等景观的相互融合。因此,设计和施工人员在进行假山设计与施工过程中往往会融入人为的艺术理念,以体现出假山的气势,提升园林景观的整体水平。

二是迥异性。一般来说,假山都是仿造自然山水而建设的艺术作品,根据使用的材料、设计理念以及施工水平,可以表现出迥然不同的风格,基本上没有两座假山作品是完全相同的。

三是灵活性。假山施工具有较好的灵活性,不会受到地形地物等条件的限制,尤其是对于一些游客难以进入的空间,通过假山造景可以营造出良好的景观效果。

四是适用性。从目前的发展情况看,各种新材料的发展和应用使得假山建设中可以选择的材料不再单纯地限制为土石,取材更加广泛,成本也有了很大的降低。因此,假山建设可以在几乎所有的地区进行,适用范围十分广泛。

二、园林工程施工的特点

园林工程建设要营造供人们游览、欣赏的游憩环境,形成优美的环境空间。它包含一定的工程技术和艺术创造,是山水、植物、建筑、地形等造园要素在特定境域内的艺术体现。在园林建设过程中,要充分考虑到与城市生态环境的协调性,在体现园林造景艺术的同时要具有一定的文化气息,展现出城市魅力。这些要素的展现都源于施工技术的高低,施工质量的好坏,所以要严格把握施工技术,提高施工水平,保证工程质量,为人们创造一个轻松愉悦的休闲场所,为城市建设贡献更大的力量。在具体工程实践中,园林工程和其他工程相比有其突出的特点,并体现在园林工程建设的全过程中。

(一)施工准备工作较为复杂

园林工程是一种综合性强、内容广泛、涉及部门较多的工程类型。综合性园林工程项目往往涉及地貌的融合、地形的处理、文物的保护、自然景色的利用以及建筑、水景、给排水、电力供应、园路、假山、园林植物栽种等诸多方面内容。这就导致在园林工程项目的施工准备过程中，要重视工程施工场地的科学布置，以便尽量减少工程施工用地，减少施工对周围居民生活生产的影响；材料、机械、人员等其他各项准备工作也要充分，才能确保各项施工手段得以运用。此外，还要注意做好与建设单位、监理单位以及建设行政主管部门等有关部门间的沟通联系工作，确保各项工作的衔接有序。

(二)施工工艺要求严、标准高

要建设成具有观赏和游憩功能，从而达到改善生态环境与提高人们生活环境质量的精品园林工程，就必须用高水平的施工工艺来实现。因此，园林工程施工工艺比一般工程的施工工艺更复杂，要求更严，标准更高。

在园林工程质量控制中，要严格做好施工工艺及重点环节控制，确保工程质量。园林工程的综合项目建设，大都包含着绿化种植、土方工程、建筑小品、园路铺设与水景建设等若干分部分项工程，在施工中必须严格就该类工程项目做好协调统筹，以工程整体的精良性全面控制整个施工过程，促使园林施工达到相应质量规范要求。通过对各工序工艺的施工管理及标准质量检查，确保各环节施工依据设计图纸要求实施，最终促使园林工程保质保量竣工。

(三)专业覆盖面广，协作性要求高

由于园林工程建设内容繁多，往往会涉及众多专业知识面，并且各个专业点之间的联系又十分紧密，一旦其中某一环节出现问题势必会影响到整体工程的建设施工质量，因此协同作业、多方配合已成为当今园林工程建设的总要求。加之新技术、新材料、新工艺的广泛应用，使得园林工程更加复杂化，从而对园林工程施工提出了更高要求。

因此，在园林工程施工中往往要求组织者、管理者必须具有广泛的学科知识，掌握先进技术；有关施工人员不仅要掌握专门施工技术，还必须具有较好的配合协作精神。同一工种内各工序施工人员要高度统一协调、相互监督与制约，这样才能保证施工的顺利进行。

(四)营造工程的艺术性

园林工程不单是一种建设工程，同时也是一门艺术工程，具有明显的艺术性特征，往往会涉及造型艺术、建筑艺术和绘画、雕刻、文学艺术等诸多艺术领域。

园林工程不仅要按设计搞好工程设施和构筑物的建设，还要采用特殊的艺术处理才能得以实现。特别是在一些重要的景观节点部位，更需要通过工程技术人员创造性的劳

动去实现设计的最佳理念。比如假山堆叠、驳岸处理、微地形处理、多种植物配置等,同一张设计图纸,在不同的工地上,由于施工技术管理人员技能、实际经验不同,施工出来的艺术效果、品位档次、气势就可能完全不同,给人的感觉就会完全不一样,这就给现场施工技术人员提出了专业上的深层次要求。

(五)体现生命力的工程

植物是园林的最基本要素。由于园林植物种类繁多,品种习性差异较大,而园林工程项目所在地的立地条件又千差万别,园林植物栽植受自然条件的影响较大。园林植物会随着时间成长,不同植物、不同品种或同一品种植物生长的丰满度、高度等指标均会有所差异。这就使得园林工程除具有一般建设工程的特性外,还要具有生物性特征,也即园林工程具有生命力特征。

因此在园林工程施工中,施工人员要因地制宜,充分考虑植物的生长态势,发挥主观的鉴赏能力,通过将各自具有不同形态、色彩和生长规律的园林植物进行有序组合,使其拥有的群体美、个体美和细部特色美淋漓尽致地表现出来。所有园林植物以饱满的活力展现在人们面前,其姿态、叶、花、果、干、枝等景观素材得以充分展示,这是一种美的组合,不仅可以营造出优雅的园林景观空间,还可以发挥各种苗木的生态功能,达到净化空气、吸尘降温、隔音杀菌等重要作用。

(六)养护管理的长期性

俗话说"三分种七分管",种是一次性的,而管是长期的。由于园林工程中的主体材料往往都是有生命力的植物,因此园林工程都需要开展连续的养护管理工作。园林工程只有通过精心的养护管理,才能确保各种苗木的成活率和良好长势,才能在保持现有成果的基础上,充分地体现其景观、生态与人文价值。要让园林绿化工程持续地发挥作用,养护管理工作是关键,这也就决定了园林绿化工程建成后必须提供养护计划和相关的资金投入。

因此,园林工程相关管理人员要立足实际工作需要,结合园林工程自身特点,有针对性地制订和完善养护管理计划,采取科学有效的措施,加强园林工程的养护管理,保证园林工程的整体施工质量和养护管理质量,充分发挥园林工程自身的生态效益、社会效益和经济效益。

第二节 园林工程的施工程序

园林工程施工程序是指进入园林工程建设实施阶段后,在施工过程中应遵循的先后顺序。在园林工程施工过程中,做好每一阶段的施工内容,对提高施工速度、保证施工质量与安全、降低施工成本都具有重要作用。园林工程的施工过程一般分为施工准备阶段、现场施工阶段、竣工验收阶段和养护管理阶段四大部分。

一、施工准备阶段

在进行园林工程施工之前,需要进行积极的准备工作。在这一阶段的主要任务就是为园林工程的正常施工创造必备的条件,以保证工程施工的正常实施。

园林工程施工准备工作,可以说对于园林工程的施工质量发挥着非常重要的基础性作用。如果园林工程施工人员在施工前准备不足,那么必然会对其施工进度带来影响;如果在园林工程施工前,相应的园林施工人员没有和设计师以及业主进行及时、充分的交流和沟通,在施工过程中遇到与设计图纸不同的地方,施工人员仅凭自身理解进行操作和施工,那么就会使园林工程施工产生随意性,严重的情况下还有可能会造成施工效果和图纸设计效果产生反差情况。

因此,施工准备工作极有必要,主要包括以下几个方面:

首先是技术问题。一定要及时编制施工方案或施工组织设计,在施工前尽量将有关技术问题予以解决,这样才能保障工期按计划进行,在规定的时间内结束。

其次就是施工人员应积极与设计人员沟通,要将图纸全面了解清楚,熟悉工程的设计理念和要求,对施工中的难点、问题和可能出现的意外情况要提前准备好应对方案。

再次就是要充分组织好施工人员、准备好各种材料和有关机具。对于人员的分工一定要明确到位,责任到人;对使用的原材料和机械设备的质量要进行严格检查,一旦发现产品不合格,应禁止其进入施工现场,更不能将其用于园林工程建设中。只有这样,才会使准备工作保质保量地完成。

二、现场施工阶段

上述各项准备工作就绪后,就可按计划正式开展施工,也即进入现场施工阶段。由于

园林工程建设项目所涉及的工程种类多且要求高,对现场各工种、各工序施工均提出了各自不同的目标,因此在现场施工中应着重注意以下几个方面:

(1)严格按照施工组织设计(施工方案)组织施工,若有变化,需经建设单位、设计单位、监理单位等有关方共同研究讨论,并以正式的施工文件形成决定后,方可实施变更。

(2)严格执行各有关工种的施工规程,确保各工种技术措施的落实,不得随意改变,更不能混淆工种施工。

(3)严格执行现场施工中的各类变更(工序变更、规格变更、材料变更等)的请示、批准、验收、签字等规定,不得私自变更和未经甲方检查、验收、签字而进入下一工序,并将有关文字材料妥善保管,作为竣工结算、决算的原始依据。

(4)严格执行施工中各工序间衔接的检查、验收、交接手续的签字、盖章要求,并将其作为现场施工的原始材料妥善保管,以明确责任;严格执行施工阶段性检查、验收等规定,尽早发现施工中的问题并及时纠正,以免造成更大的损失。

(5)严格执行施工管理人员对质量、进度、安全等现场施工管理方面的有关要求,做好施工动态控制,保证施工进度、施工质量、施工安全,确保各项措施在施工过程中得以贯彻落实,以预防各类事故的发生。严格服从工程项目部的统一指挥、调配,确保工程计划的全面完成。

(6)协调好与监理方、建设方、有关部门及周边单位间的关系。

三、竣工验收阶段

园林工程项目按照预期目标和合同要求全面完成建设任务后,就应及时做好竣工工程的验收工作。竣工验收是建设项目完成建设目标的重要标志,也是全面检验基本建设成果、检验设计水平和工程质量的重要步骤。只有竣工验收合格的项目,才能转入生产或使用。期间,需重点关注以下几个方面:

(1)当建设项目的建设内容全部完成,而且建设内容满足设计要求,并按有关规定经过了单位工程、阶段、专项验收,完成竣工报告、竣工决算等必需文件的编制后,按有关建设管理规定,向验收主管部门提出申请,验收主管部门按规程组织验收。

(2)竣工验收条件不合格的工程可视情况不予验收。有遗留问题的项目,对遗留问题必须有具体处理意见,且将有限期处理的明确要求落实到责任单位和责任人。

四、养护管理阶段

园林工程项目竣工验收后,按照合同规定在责任期内做好对施工要素、植物材料的维护与养护工作也是园林工程质量控制的重要环节。在园林养护管理工作中,引进责任机制,推行目标管理。通过开展目标管理方法,以人为中心,目标为导向,成果为标准,制定标准的技术章程和操作规范,使养护管理工作更加具有规范性与科学性。

第三节 园林工程的发展趋势

随着社会经济的不断发展,园林工程项目建设将进一步走向市场化、规范化、科学化,这必将使我们的城市成为更加绿色生态、更加健康美丽的家园。

一、新材料、新技术和新工艺的推广应用

随着科技的不断进步,新材料、新工艺和新技术也在不断地走进园林工程中。新材料的引入能够培育出更适合园林工程施工的材料品种,新材料在节约成本和提高观赏性等方面往往优于传统材料。新技术随着时代的发展应运而生,新技术的出现解决了园林工程中一些现存的问题。新工艺的引入,使园林工程具有更强的生命力,能够更好地适应发展的新形势。

二、更符合生态发展

伴随着国民经济的发展,科技水平的提高,人们生活意识的转变,低碳生活理念深入人心,人们已越来越重视对环境的保护。园林工程的发展也将越来越符合生态需求,不管是施工材料还是施工设备,都向着生态化、环保化发展。更多有利于净化空气、保持水土的植物被应用到园林建设中,从材料的选用到整体的设计都会越来越符合生态理念,园林工程所涉及的区域也将不断扩大。

三、更具有现代风格

园林建设的风格受时代制约,人们每个时期的审美观、人生观、价值观都是不同的,所以园林建设的风格也不是一成不变的,新时期的园林景观更符合当代人的审美观和生活习惯。公众的需求和欣赏水平在不断提高与变化,古色古香的古典园林固然有其需要后人学习的地方,可是原样拿过来却并不一定能满足现代人的需求。现代园林在传承古典园林的基础上,必须融入新的时代元素,与时俱进,才能更好地适应时代的发展。

事物总是发展变化的。在园林建设中,要根据人们不断变化的需求和对美的新理解来建造具有时代特色的园林。

复习思考题

1. 园林工程施工中的常见施工内容有哪些?

2. 简述园林工程施工的特点。

3. 园林工程施工中该如何做好各项施工内容之间的良好衔接?

4. 园林工程施工中该如何更好地体现艺术性?

5. 简述园林工程的施工程序。

6. 园林工程施工前的准备阶段应主要做好哪些方面工作?

7. 未来园林工程的建设发展将会有哪些新趋势?

第二章

地形土方工程施工技术

本章内容提要

根据园林工程施工中地形土方工程施工实际及特点,本章阐述了土壤的工程分类及其特性,土方工程的施工方法及其要点;详细介绍了地形整理的有关方法,包括地形整理的土方工程量计算、土方的平衡与调配等。最后配以"土方工程施工"实训操作,希望加强理论学习的效果,提高学生的实践动手能力。

任何建筑物、构筑物、道路及广场工程等修建,都要在地面做一定的基础,如挖掘基坑、路槽等,这些工程也都是从土方施工开始的;同时在园林中地形的利用、改造或创造,如挖湖堆山、平整场地等,也都需要动用土方来完成。通常而言,地形土方工程在园林建设中是一项大工程,而且在施工中又是先行项目,它完成的速度和质量,往往直接影响着后继工程,所以它和整个建设工程进度关系密切,在提高施工质量的同时必须做好施工安排。

第一节 土壤的工程分类与特性

土壤的类型很多,它们有着不同的物理性质。不同性质土壤的工程特性对土方工程的稳定性、施工方法、工程量及工程投资有着很大影响,也涉及工程设计、施工技术和施工组织的安排。因此,有必要对土壤的类型与性质做一定的熟悉工作。

一、土壤的工程分类

不同种类的土壤,其组成形态、工程性质均不相同,关于土壤的类型也有着不同的划分标准。在土方工程施工中,为便于确定技术措施和施工成本,常按土开挖的难易程度将土分为松软土、普通土、坚土、沙砾坚土、软石、次坚石、坚石、特坚硬石等八类。其中,松软土和普通土可直接用铁锹开挖,或用铲运机、推土机、挖土机施工;坚土、沙砾坚土和软石要用镐、撬棍开挖,或预先松土,部分用爆破的方法施工;次坚石、坚石和特坚硬石一般要用爆破方法施工。因此,根据上述开挖难度和技术要求,也有将土划分为松土、半坚土和坚土三种类型。

在选择土方施工开挖方法及工具、挖土机械时,要根据土的工程分类而定(表2-1)。

表 2-1　土的工程分类

土的分类	土的名称	开挖方法及工具
一类土(松软土)	沙,亚沙土,冲积沙土层,种植土等	用锹、锄头挖掘
二类土(普通土)	亚黏土,潮湿黄土,夹有碎石、卵石的沙等	用锹、锄头挖掘,少许用镐翻松
三类土(坚土)	软及中等密实黏土,重亚黏土,粗砾石,干黄土及含碎石、卵石的黄土、亚黏土,压实的填筑土等	主要用镐,少许用锹、锄头挖掘,部分用撬棍
四类土(沙砾坚土)	重黏土及含碎石、卵石的黏土,粗卵石,密实的黄土,天然级配沙石,软泥灰岩及蛋白石等	先用镐、撬棍,然后用锹挖掘,部分用楔子及大锤
五类土(软石)	硬石炭纪黏土,中等密实的页岩、泥灰岩、白垩土,胶结紧的砾岩,软的石灰岩等	用镐或撬棍、大锤挖掘,部分使用爆破方法
六类土(次坚石)	泥岩,沙岩,砾岩,坚实的页岩、泥灰岩,密实的石灰岩,有风化花岗岩,片麻岩等	用爆破方法开挖,部分用风镐
七类土(坚石)	大理岩,辉绿岩,粗、中粒花岗岩,坚实的白云岩、沙岩、砾岩、片麻岩、石灰岩,有风化痕迹的安山岩、玄武岩等	用爆破方法开挖
八类土(特坚硬石)	安山岩,玄武岩,花岗片麻岩,坚实的细粒花岗岩、闪长岩、石英岩、辉绿岩等	用爆破方法开挖

二、土壤的工程性质

(一)土壤的容重

单位体积内天然状况下的土壤质量即为土壤容重,单位为 kg/m^3。土壤容重可以作为土壤坚实度的指标之一。同等地质条件下,容重小的,土壤疏松;容重大的,土壤坚实。土壤容重的大小直接影响着施工的难易程度,容重越大,挖掘越难。故在土方施工时,施工技术和定额应根据土壤的类别来确定其标准。

（二）土壤的自然安息角

土壤自然堆积，经沉落稳定后的表面与地平线所形成的夹角，就是土壤的自然安息角，也有称自然倾斜角，以 α 表示（图 2-1）。在工程设计时，为了使工程稳定，就必须有意识地创造合理的边坡，其边坡坡度数值应参考相应土壤的自然安息角数值，通常应使之小于或等于自然安息角。同时，土壤自然安息角还会受到土壤颗粒、含水量、气候条件等各种因素的影响（表 2-2）。

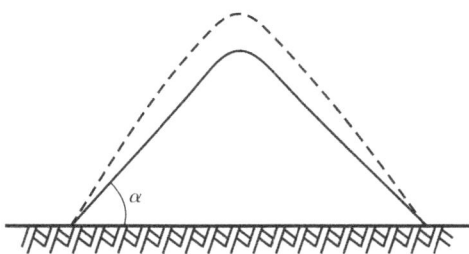

图 2-1　土壤的自然安息角表示

表 2-2　各种土壤的自然安息角

土壤名称	土壤自然安息角			土壤颗粒尺寸/mm
	干的	潮的	湿的	
砾石	40°	40°	35°	2～20
卵石	35°	45°	25°	20～200
粗沙	30°	32°	27°	1～2
中沙	28°	35°	25°	0.5～1.0
细沙	25°	30°	20°	0.05～0.50
黏土	45°	35°	15°	<0.001～0.005
壤土	50°	40°	30°	
腐殖土	40°	35°	25°	

对于土方工程而言，无论是地形整理还是土方施工（挖方或填方），都要求有稳定的边坡。因此在进行土方工程的设计或施工时，应结合工程本身要求以及当地具体条件，使挖方或填方的坡度合乎技术规范的要求，如实际情况在规范之外，必须进行实地测试来决定。在高填或深挖时，应考虑土壤各层分布的土壤性质以及同一土层中的土壤所受压力的变化，根据其压力的变化采取相应的边坡坡度。

（三）土壤的含水量

土壤含水量是指土壤空隙中的水重和土壤颗粒重的比值。若用 ω 表示土壤含水量，则：

$$\omega = \frac{M_w}{M_s} \times 100\%$$

式中，M_w 表示土壤中的水重；M_s 表示土壤颗粒重。

土壤虽具有一定的吸收并保持水分的能力，但土壤实际含水量是会经常发生变化的。一般而言，土壤含水量越低，则其吸水力越大；反之，土壤含水量越高，则其吸水力越小。

在土方工程中，一般将土壤含水量在 5％ 以内的称干土，5％～30％ 的称潮土，大于 30％ 的称湿土。土壤含水量的多少，对土方施工的难易程度也有直接的影响，土壤含水量过小，土质过于坚实，不易挖掘；土壤含水量过大，土壤易泥泞，也不利于施工，无论用人力还是机械施工，功效均降低。以黏土为例，含水量为 5％～30％ 的最易挖掘。

（四）土壤的相对密实度

土壤的相对密实度用来表示土壤在填筑后的密实程度。在填方工程中，土壤的相对密实度是检查土方施工中土壤密实程度的标准。

一般来说，在地基或路基等土方工程施工时，要对土壤进行密实，采用的办法主要有人工夯实和机械夯实两种。人工夯实，其密实度可达 87％ 左右；机械夯实，其密实度可达 95％ 左右。填土厚度较大时，为达到较好的夯实效果，可以采用多次填土、分层夯实的办法。回填土如不加夯实，随着时间的推移，其通常也会自然沉降，亦能达到一定的密实程度。

（五）土壤的可松性

自然状态下的土壤经过开挖以后，其原有密度结构遭到破坏，体积因松散而增加，以后虽经回填压实仍不能恢复其原来的体积，这种性质称为土壤的可松性，其往往与土壤类型有着密切的关系。

在具体工程实践中，常用可松性系数来表示。其中，最初可松性系数用 K_s 表示，则：

$$K_s = \frac{V_2}{V_1}$$

最后可松性系数用 $K_s{}'$ 表示，则：

$$K_s{}' = \frac{V_3}{V_1}$$

式中，V_1 为土壤在天然状态下的体积（m³），V_2 为土壤在松散状态下的体积（m³），V_3 为土壤经压实后的体积（m³）。

土壤的可松性与土方的平衡调配、场地平整土方量计算、基坑开挖后的留弃土方量计算以及确定土方运输工具数量等都有着密切的关系。在一般情况下，土壤容重越大，土质越坚硬密实，开挖后体积增加越多，可松性系数越大，对土方平衡与土方施工的影响也就越大。各类土的可松性系数见表 2-3 所示。

表 2-3 各类土的可松性系数

土的类别	体积增加百分数		可松性系数	
	最初	最后	K_s	K_s'
一类土（种植土除外）	8～17	1.0～2.5	1.08～1.17	1.01～1.03
一类土（植物性土、泥炭）	20～30	3～4	1.20～1.30	1.03～1.04
二类土	14～28	2.5～5.0	1.14～1.28	1.02～1.05
三类土	24～30	4～7	1.24～1.30	1.04～1.07
四类土（泥灰岩、蛋白石除外）	26～32	6～9	1.26～1.32	1.06～1.09
四类土（泥灰岩、蛋白石）	33～37	11～15	1.33～1.37	1.11～1.15
五至七类土	30～45	10～20	1.30～1.45	1.10～1.20
八类土	45～50	20～30	1.45～1.50	1.20～1.30

第二节 土方工程的施工方法

在土方工程施工中，要严格遵守有关施工技术规范和原设计的各项要求，以保证工程的稳定和持久。土方施工主要包括挖、运、填、压四个技术环节，其施工方法可采用人力施工，也可用机械化或半机械化施工，这要根据场地条件、工程量和当地施工条件决定。在规模较大、土方较集中的工程中，采用机械化施工较为经济；但对工程量不大、施工点较分散的工程或因受场地限制而不便采用机械化施工的地段，应该用人力施工或半机械化施工。

一、土方的挖掘

（一）人力挖掘

人力挖掘适用于一般园林建筑、构筑物的基坑（槽）和管沟，以及溪流、带状种植沟和小范围整地的挖土工程。施工工具主要是锹、镐、条锄、钢钎等。人力挖掘不但要组织好劳动力，而且要注意安全和保证工程质量。

人力挖掘的现场施工流程一般主要包括：确定开挖边界与深度→确定开挖顺序和坡度→分层开挖→修整边缘部位→清底。在施工过程中，需注意以下几个事项：

（1）施工人员应有足够的工作面，避免互相碰撞，发生危险。一般平均每人应有 4～

$6m^2$ 的作业面积,两人同时作业的间距应大于 2.5m。

(2)开挖土方附近不得有重物及易塌物体。

(3)随时注意观察土质情况,操作要符合挖方边坡要求,要留出合理的边坡(表 2-4)。必须垂直下挖者,松软土不得超过 0.7m,中等密度者不得超过 1.25m,坚硬土不得超过 2m,超过以上数值的需要设支撑板或者保留符合规定的边坡数值。

表 2-4　各类土的边坡坡度

序　号	土的类别	边坡坡度(高:宽)		
		坡顶无荷载	坡顶有静载	坡顶有动载
1	中密的沙土	1:1.00	1:1.25	1:1.50
2	中密的碎石类土(充填物为沙土)	1:0.75	1:1.00	1:1.25
3	硬塑的轻亚黏土	1:0.67	1:0.75	1:1.00
4	中密的碎石类土(充填物为黏土)	1:0.50	1:0.67	1:0.75
5	硬塑的亚黏土、黏土	1:0.33	1:0.50	1:0.67
6	老黄土	1:0.10	1:0.20	1:0.33
7	软土(经井点降水后)	1:1.00	—	—

(4)土壁下不得向里挖土,以防塌陷。

(5)在坡上或坡顶施工者,要注意观察坡下情况,不得随意向坡下滚落重物。

(6)开挖基坑(槽)或管沟时,均不得超过基底标高。如果个别地方超挖时,其处理方法应取得设计单位的同意,不得私自处理。

(7)施工过程中应加强检查,若发现基坑(槽)或管沟边坡不直不平、基底不平,应随挖随修,并要认真验收。

(8)按设计要求施工,施工过程中要注意保护基桩、龙门板和标高桩等。

(9)遵守其他施工操作规范和安全技术要求。

(二)机械挖掘

在园林工程施工中,机械挖掘适用于大规模的园林建筑、构筑物的基坑(槽)或管沟以及园林中的河流、湖面、大范围的整地工程等施工。机械挖掘的主要施工机械为推土机(图 2-2)、挖掘机(图 2-3)、铲运机等。其中,推土机是在履带式拖拉机上安装推土铲刀等工作装置而成的机械;挖掘机(图 2-4)是基坑(槽)土方开挖常用的一种机械,按其行走装置的不同可分为履带式和轮胎式两种;铲运机是一种能够独立完成铲土、运土、卸土、填筑和整平的土方机械。

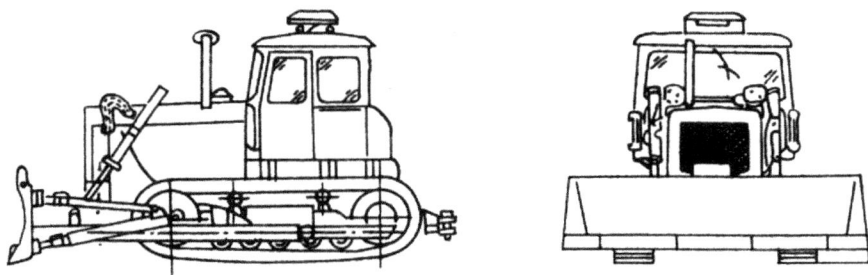

图 2-2　推土机

图 2-3　挖掘机

图 2-4　挖掘机开挖土方

机械挖掘施工的一般流程主要包括:确定开挖边界与深度→确定开挖顺序和坡度→分段分层平均下挖→修边和清底。

下面,介绍推土机在土方施工中应注意的几个方面:

(1)推土机手应识图或了解施工对象的情况。在动工之前,应向推土机手介绍施工地段的地形情况及设计地形的特点。同时,推土机手在施工前还要了解实地定点放线情况,如桩位、施工标高等,这样就可以做到心中有数,从而可以得心应手地按照设计意图去塑造地形。这对提高施工效率大有帮助,在修饰地形时可以节省很多人力物力。

(2)注意保护表土。比如在挖湖堆山时,可先用推土机将施工地段的表层熟土推到施工场地外围,待地形整理停当,再把表土铺设回来。这样操作虽说相对有些麻烦,但对于今后新栽植园林绿化苗木的生长却大有好处。

(3)对于基坑挖方,为避免破坏基底土,应在基底标高以上预留一层土用人工清理,使用推土机时一般保留土层 20cm。

(4)基坑(槽)或管沟的开挖需测量标高(图 2-5),均不得超过设计基底标高,如偶有超过的地方应会同设计单位共同协商解决,不得私自处理。

(5)由于在土方实际施工中,推土机施工往往进进退退,其活动范围较大,施工地面高

低不平,加上进车或退车时司机视线会存在某些死角,所以木桩和施工放线很容易受到破坏。因此为避免木桩受到破坏并有效指引推土机手,木桩应加高或设醒目标志,放线也要更加明显。同时施工人员也应经常到现场校核桩点与放线,以防挖错或堆错位置。

(6)需要掌握现场土质条件和地下水位情况,一般推土机需要在地下水位 0.5m 以上推铲土,以防机械下沉。

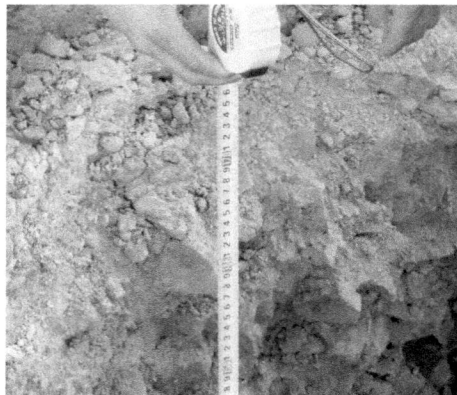

图 2-5　基槽开挖标高的测量

二、土方的运输

一般竖向设计都力求土方就地平整,以减少土方的搬运量。土方运输是一项较为艰巨的工作,通常使用机械运输,土方上车如图 2-6 所示,土方卸车如图 2-7 所示,人力运输一般都是短途的小搬运。在具体实施过程中,要按土方调配方案组织劳动力、机械和运输路线。其中,运输路线的组织是一个重要环节,尽量做到路线清晰、卸土地点和卸土量明确,以免乱堆乱卸。

图 2-6　土方上车

图 2-7　土方卸车

三、土方的填筑

土方填筑时必须根据填方地面的功能和用途要求,选择合适的土壤和施工方法,从而使填土满足工程质量要求。比如,作为建筑用地的填方区应以满足将来地基的稳定为原则,而绿化地段的填方区土壤则还应满足植物种植的要求(图 2-8、图 2-9)。当土方调配方案不能满足实际需要时,应进行重新调整。

图 2-8　园林地形营造中的填方　　　　图 2-9　种植区域的土方回填

在土方填筑过程中,主要应注意以下事项:

(1)大面积填方应分层填筑,一般每层 30～50cm,一次不要填太厚,最好填一层就筑实一层,也即层层压实。

(2)在斜坡上填土,为防止新填土方沿着坡面滑落,可先把斜坡挖成台阶状,然后再填方,这样就增强了新填土方与斜坡的咬合性,以保证新填土方的稳定性(图 2-10)。

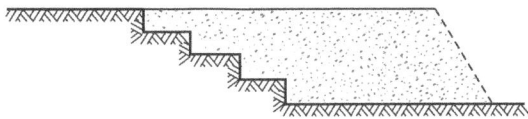

图 2-10　斜坡先挖成台阶状,再行填土

(3)填筑土山时,土方的运输路线应以设计的山头为中心,并结合来土方向进行安排。一般以环形线为宜,车辆满载上车,土卸在路两侧,空载的车沿路线继续前行下山,车不走回头路,不交叉穿行。随着不断地卸土,山势逐渐升高,运土路线也随之升高,这样既组织了车流,又使山体分层上升,部分土边卸边压实,有利于山体稳定,山体表面也较自然。

四、土方的压实

土方的压实根据工程量的大小和场地特点,可选择采用人工夯实或机械碾压。人工夯实可用木夯、滚筒、石碾等工具,通常适用于较小的填方区;机械夯实所用机械为碾压机、电动震夯机、拖拉机带动的铁碾等(图 2-11),此方式适用于较大的填方区。当然,在一些不方便大型机械进入碾压的区域,可选择采用一些小型夯实机械,如蛙式夯(图 2-12)等。

压实方法分为碾压、夯实和振动压实三种。对于大面积填方,多采用碾压方法压实;对于较小面积的填土工程则采用夯实机具进行夯实;振动压实方法主要用于压实非黏性填料,如石渣、碎石、杂填土等。

为保证土壤的压实质量,土壤应该具有最佳含水量。土壤在最佳含水量条件下,压实后可以达到最大容重效果。因此,为了确保填土在压实过程中处于最佳含水量状态,当土过分干燥时,需先洒水湿润后再进行压实;当土过于潮湿时,应予以翻松晾干,也可掺入不同类土或吸水材料。特别是在一些对土壤压实要求较高的基础施工中,更应高度重视压实质量。在土方压实过程中,还应注意以下几点:

图 2-11　压路机　　　　　　　　　　图 2-12　蛙式夯

(1)为保证土壤的相对稳定,压实要求均匀。

(2)填方时必须分层堆填,分层碾压夯实,否则会造成土方上紧下松。但每层的堆填厚度要根据压实机械、土的性质和含水量等因素来决定。

(3)压实应自边缘开始逐渐向中心收拢,否则边缘土方外挤易引起塌落。

(4)松土不宜用重型机械直接滚压,否则土层会有强烈起伏现象,效率不高,应先轻后重,先轻打一遍,然后再加重打压,这样效果较好。

土方工程的施工面较广、工程量较大、工期较长,做好施工组织工作很重要。大规模工程的开展应根据工程量、工期要求、施工力量和条件等各方面因素决定,工程可全面铺开也可以分区分期进行。施工现场要有专人指挥调度,各项工作要有专人负责,以确保工程按期、按计划高质量完成。

此外,为确保土方工程的稳定性,针对不同特点的土壤压实,还可以分别通过植树种草、覆盖地面,设置"护土筋",安放挡水石,做"谷方"、设消能石以及做好出水口处理等方式予以强化。

五、土方工程的冬、雨季施工要点

(一)冬季施工

由于受施工条件及环境的不利影响,在冬季往往需要采取更加科学合理的技术管理措施来指导施工。

（1）冬季土壤受冻，直接增加了土方施工的难度，因此最好避免冬季施工。但为了争取施工时间，加快建设进度，也可进行冬季施工，但要因地制宜地确定经济合理的施工方案和切实可行的技术措施。

（2）为了保证冬季回填土不被冻结或少冻结，可在挖土时将未冻土堆在一处，就地覆盖保温，或在冬季前就预存部分土壤加以保温，以备回填之用。

（3）土方回填前，应事先清除基底上的冰雪和保温材料。对大于 15cm 厚的冻土应予以击碎，然后分层回填，碾压密实，但需要预留下沉高度。

（4）冬季回填土壤，除应遵守一般土壤填筑要求外，还应特别注意土壤中的冻土含量问题。总体而言，室内的基坑（基槽）或管沟不得用含有冻土块的土回填；室外的基坑（基槽）或管沟可用含有冻土块的土回填，但冻土块体积不得超过填土总体积的 15％，管沟底至管顶 0.5m 范围内不得用含有冻土块的土回填。

（二）雨季施工

大面积土方工程施工应尽量避开雨季。如果确需在雨季开工，则要时刻注意天气变化，并采取系列针对性技术和组织管理措施确保土方施工顺利有效开展，具体需要做好以下几个方面的工作：

（1）要编制有针对性的专项施工方案。

（2）做好必要的准备工作，包括备好水泵等排水设备，修好排水沟，确保排水系统的完整和通畅等。

（3）根据实际情况，可采取集中力量、分段突击的施工方法，做到随挖随填，保证填土质量。

（4）施工过程中应随时注意观察填挖方区域土体的稳定情况，若发生意外，应及时采取有效措施，避免浪费人力、物力，避免影响施工进程，同时确保施工安全。

第三节　地形整理的方法

地形整理的方法是指采用机械和人工相结合的方法，对场地内土方进行填、挖、堆筑等操作，从而营造出一个能适应各种项目建设需要的地形。

一、地形整理的要求

(1)在园林土方造型施工中,地形整理表层土的土层厚度及质量须达到绿化工程施工及验收规范中对栽植土的有关要求。地形营造中的黄土回填如图2-13所示。填方土料应符合设计要求,保证填方的强度和稳定性。

(2)不同类型、不同使用功能的园林绿地对于地形的要求有一定差别。如传统的自然山水园和安静休息区都要求地形较为复杂、富于变化,而规则式园林和儿童游乐区则要求地形相对简单、变化少。

图2-13　地形营造中的黄土回填

(3)原地形的状况将直接影响园林景观的营造,应巧妙利用原地形的有利条件,稍加整理便可成型,以取得事半功倍的效果。但在满足园林景观造景要求的同时,还要考虑土方造型施工中的安全因素,应严格按照设计要求,并综合考虑土质条件、填筑高度(开挖深度)、地下水位、施工方法、工期等各方面因素。

(4)地形整理时应尽量缩短土方运距,就地填挖整理,并保持土方平衡,以节省人力、物力。

二、地形整理前的准备工作

在地形整理工作开展前应进行认真、周全的准备,合理组织和安排工程建设。施工准备工作主要包括以下几个方面:

(一)研究图纸资料

施工前,首先要对图纸及有关资料的完整性进行检查,核查平面尺寸与标高,确保图纸中没有任何错误;对设计内容及施工要求(园林工程的规模、特点、工程量等)进行分析,并能熟练掌握施工技术;同时还要对施工现场的土质、水文等特性进行充分考虑。在图纸会审过程中,必须明确定位构筑物及周围地下管线设施的关系。

(二)查勘施工现场条件

因施工时易受地质、水文、气候和施工周围环境的影响,施工前就应充分掌握施工区域内地下障碍物、水文地质、植被、交通情况等各方面数据。比如,需要根据设计图纸和施工范围等要求,对施工场地内的地下障碍物进行核查,确认有可能影响施工质量与安全的管线、地下基础及其他障碍物,以利于指导施工。

（三）编制施工方案

根据工程内容、现场实际与施工进度、施工质量等方面要求,制定出符合本工程要求的施工方案与措施。绘制施工总平面布置图,提出土方造型的操作方法,对施工机具、劳动力、施工进度与流程进行周全细致的安排。同时,对于较深的人工湖开挖还应提出支护、边坡保护和降水方案等内容。

（四）清理现场

在施工场地范围内,凡是有碍于工程开展或影响工程稳定的地面物体和地下物体一般均应清理干净,以便后续施工流程的正常开展。比如,在已经设定的填挖场地上,通常应将地表层的杂草、树墩、混凝土地坪等预先加以清除、破碎并运出场地(图 2-14);在拆除地面构筑物时,应根据其构造特点有序拆除,注意操作安全;对需要清除的地下管线等物体,应事先请有关部门协助复核,在未查清之前不可动工,以免发生危险或造成不必要的损失。

图 2-14 混凝土地坪的清除与破碎

（五）做好排水

在整个施工现场范围内,必须注意采取一定措施来排除场地积水,并开掘明沟使之相互贯通。同时,为防止雨天积水,特别是在雨季,可考虑开挖若干集水井,确保挖掘和堆筑的质量,以符合土壤的最佳含水量标准。

（六）测量放样

在具体测量放样时,可以根据施工图及城市坐标点、水准点,将各种山体、河流驳岸等高(深)线上的拐点位置标注在施工现场,作为控制桩并做好保护。在按图放样定位、设置准确的定位标准及水准标高后,方可进行开挖和堆筑操作。特别是在城市规划

区内,必须在规划部门勘察的建筑界线范围内进行测量定位,并经有关单位核查无误后方可开工。

由于土方施工类型多样,故其测量放线的方法往往也会有一定的不同。比如平整场地的放线、挖湖堆山的放线,都应根据建设项目的规模大小、场地实际和施工要求等来具体确定。

三、地形整理的方法

(一)地形整理的土方工程量计算

在整个地形整理的施工过程中,土方工程量的计算是一个非常重要的环节。在进行编制地形整理的施工方案或编制施工预算书时,或进行土方的平衡调配及检查验收土方工程时,都要进行土方工程量的计算。土方工程量的计算一般是根据附有原地形等高线的设计地形来进行的,有时通过计算,反过来还可以修订设计图纸中存在的一些不合理之处,从而使图纸设计更加科学合理。土方工程量计算的实质是计算出挖方或填方土的体积,即土的立方体量。

场地土方工程量计算的常用方法主要有公式估算法、方格网法和断面法三种。其中,方格网法主要适用于地形较为平坦、面积较大的场地,而断面法则多应用于地形起伏变化较大或地形较为狭长的地带。

1.公式估算法

在园林工程建设中,不论是原地形还是设计地形,经常会碰到一些类似锥体、棱台等几何形体的地形单体,如各种山体、水体等。这些地形单体的形状相对较为规则,其体积往往可套用形状相近的几何体的体积公式来快速计算,方法简便,但精度相对较差,往往用于估算(图2-15、表2-5)。

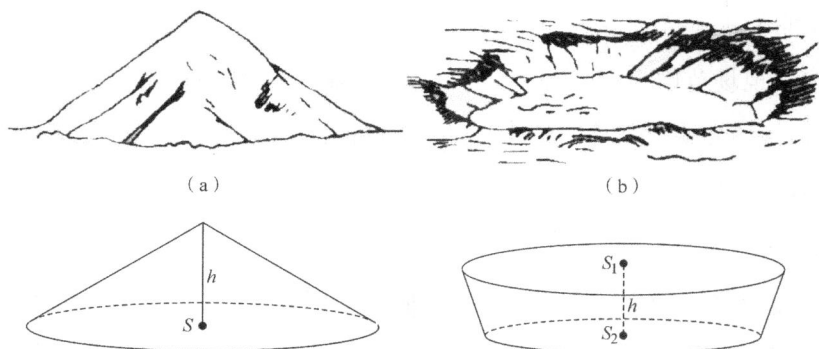

图2-15 套用形状相近的几何体的体积公式估算土方量

表 2-5 常用的体积计算公式

序　号	几何体形状	体　积
1	圆锥	$V = \frac{1}{3}\pi r^2 h$
2	圆台	$V = \frac{1}{3}\pi h(r_1^2 + r_2^2 + r_1 r_2)$
3	棱锥	$V = \frac{1}{3}Sh$
4	棱台	$V = \frac{1}{3}h(S_1 + S_2 + \sqrt{S_1 S_2})$
5	球缺	$V = \frac{\pi h}{6}(h^2 + 3r^2)$
式中	V 为体积，r 为半径，S 为底面积，h 为高，r_1、r_2 分别为上、下底半径，S_1、S_2 为上、下底面积	

2.方格网法

方格网法的基本原理是将工程场地划分为若干个方格(图 2-16)，根据自然地面与设计地面的高差，计算挖方和填方的体积，分别汇总即为土方量。在具体工程实践中，设计时通常要求填方量和挖方量基本相等，即要求土方就地平衡，平整前后土体的体积是相等的。

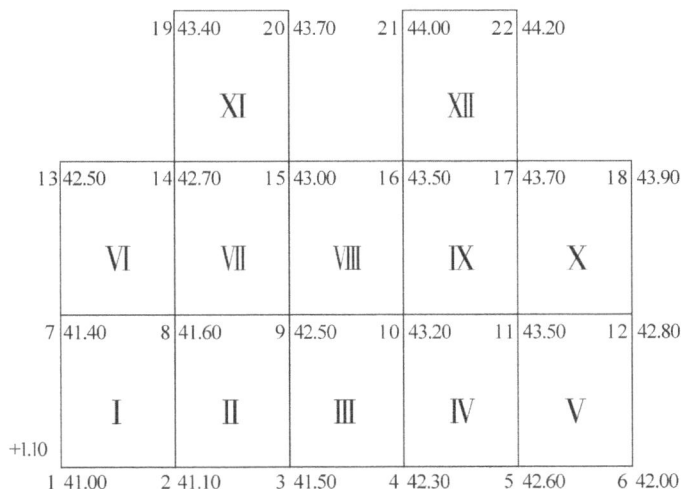

图 2-16 方格网法

方格网法的计算步骤和方法如下：

(1)划分方格网。根据已有地形图将欲计算场地划分为若干个方格网，并尽量与测量的纵横坐标网相对应。方格大小一般采用 10m×10m～40m×40m，将角点自然地面标高和设计地面标高分别标注在方格网点的右下角和右上角，将施工高度(设计地面标高减去

自然地面标高即施工高度)填在方格网点的左上角(图 2-17)。具体计算公式如下:

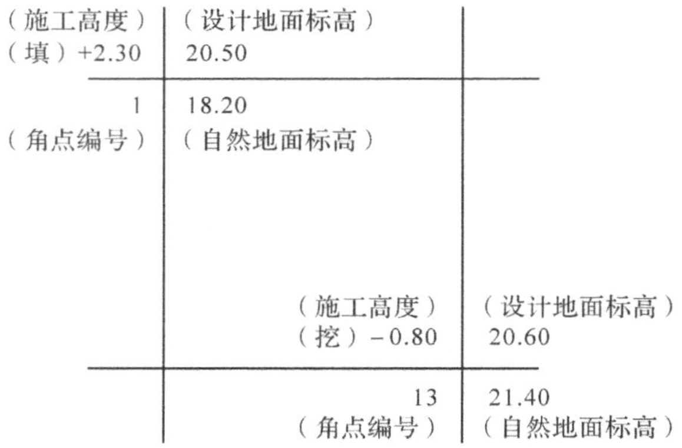

（施工高度）	（设计地面标高）
（填）+2.30	20.50
1	18.20
（角点编号）	（自然地面标高）

（施工高度）	（设计地面标高）
（挖）-0.80	20.60
13	21.40
（角点编号）	（自然地面标高）

图 2-17　角点施工高度的表示方法

$$h_n = H_n - H_n'$$

式中,h_n 为该方格角点的施工高度(即挖、填方高度),以"+"表示填方高度,以"-"表示挖方高度,即所得结果为负值时表示该点为挖方,所得结果为正值时表示该点为填方;H_n 为该角点的设计地面标高;H_n' 为该角点的自然地面标高。

将所有方格网各角点的有关参数计算确定后,均一一标注在方格网上(图 2-18)。

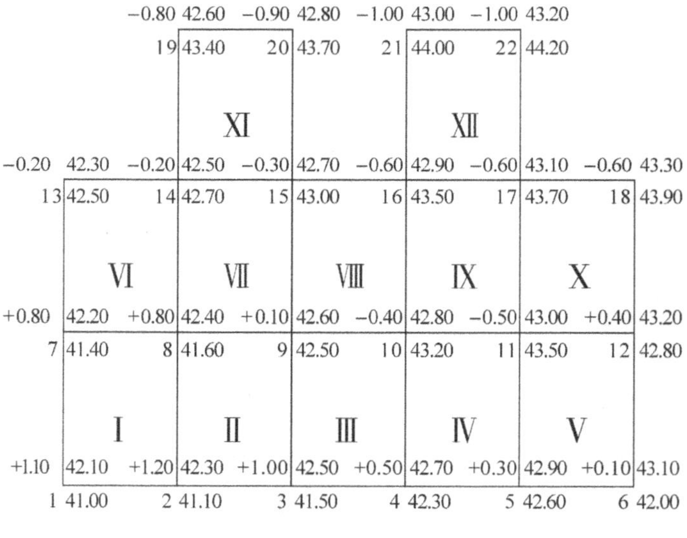

图 2-18　方格网各角点参数的确定

(2)标注零点,确定零线位置。在一个方格之内相邻两交叉点,如果一点为填方而另一点为挖方时,在这两点之间必有一个不填不挖之点,此处设计地面标高与自然地面标高相等,即施工高度为零,故称为零点。

零点的位置可用如图 2-19 所示方法求出，具体计算公式如下：

$$x = \frac{ah_1}{h_1 + h_2}$$

式中，h_1、h_2 为相邻两角点挖、填方施工高度（以绝对值代入）；a 为方格边长；x 为零点距角点 A 的距离。

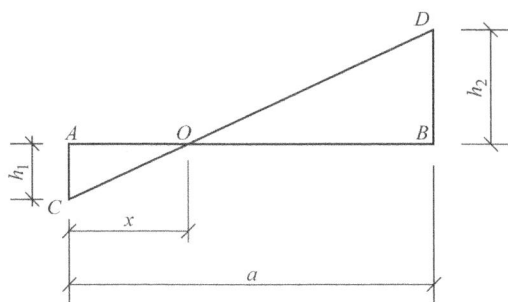

由于地形是连续的，将零点一一标注于方格网上，然后将零点连接成线所得到的即为零线，也即挖方区和填方区分界线（图 2-20）。

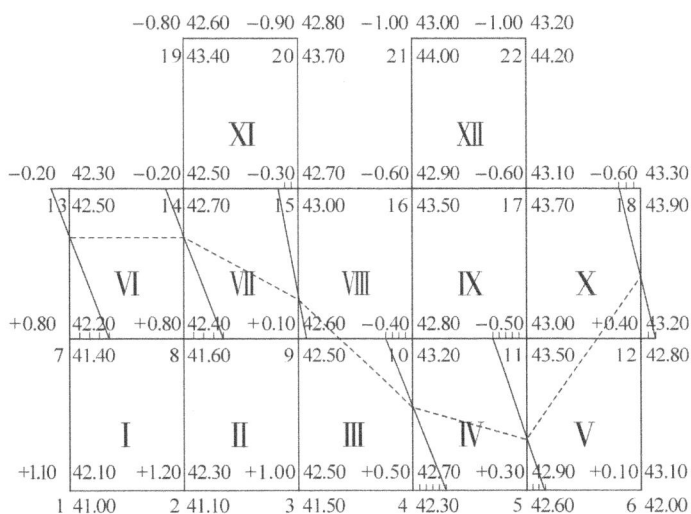

图 2-19　零点计算方法

图 2-20　零线表示方法

（3）计算方格土方工程量。按方格网底面积图形和相应的体积计算公式逐一计算出每个方格内的挖方或填方量，具体计算公式见表 2-6 所示。

（4）计算土方量。将挖方区或填方区所有土方量计算汇总，即得该场地挖方和填方的总土方量。

3.断面法

断面法是以一组等距（或不等距）的互相平行的截面将拟计算的地块、地形单体（如山、溪涧、池等）分截成"段"。分别计算这些段的体积，然后再将各段体积累加，以求得该计算对象的总土方量。在实际应用中，又可分为垂直断面法和水平断面法两种（图 2-21、图 2-22）。

表2-6　方格网计算土方量公式

序　号	挖填情况	平面图式	立体图式	计算公式
1	四点全为填方（或挖方）时			$\pm V = \dfrac{a^2 \times \sum h}{4}$
2	两点填方，两点挖方时			$\pm V = \dfrac{a(b+c) \times \sum h}{8}$
3	三点填方（或挖方），一点挖方（或填方）时			$\pm V = \dfrac{(b \times c) \times \sum h}{6}$ $\pm V = \dfrac{(2a^2 - b \times c) \times \sum h}{10}$
4	相对两点为填方（或挖方），其余两点为挖方（或填方）时			$\pm V = \dfrac{b \times c \times \sum h}{6}$ $\pm V = \dfrac{d \times e \times \sum h}{6}$ $\pm V = \dfrac{(2a^2 - b \times c - d \times e) \times \sum h}{12}$

注：计算公式中的"＋"表示挖方，"－"表示填方。

用断面法计算土方量，其精度主要取决于截取的断面数量，多则较为精确，少则较粗略。

（二）土方的平衡与调配

土方的平衡与调配是指在计算出土方的施工标高、挖填区面积及其土方量的基础上，综合考虑各种变化因素（如土的可松性系数、含水量等）并进行折算调整后，划分出土方调配区，计算各调配区的土方量、土方的平均运距、单位土方的运价等，从而确定土方的最优调配方案，并绘制出土方调配图。

土方的平衡与调配工作是土方施工的一项重要内容，是为取得挖土的堆弃、利用和填土这三者之间关系的平衡进行的综合处理。在取弃土量最少、土方运输量或运输成本为最低的条件下，确定填、挖方区土方的调配方向和数量，从而达到缩短工期和提高经济效益的目的。简单地说，就是就近挖方，就近填方，使土石方的转运距离最短。

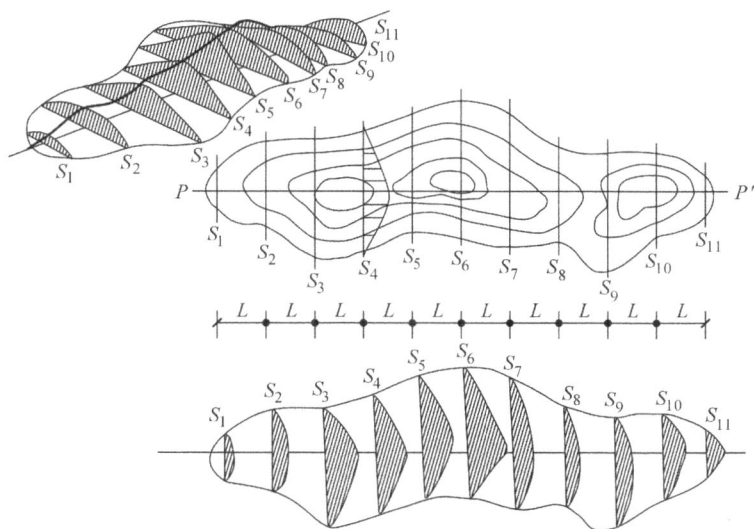

图 2-21　带状山体垂直断面法图示

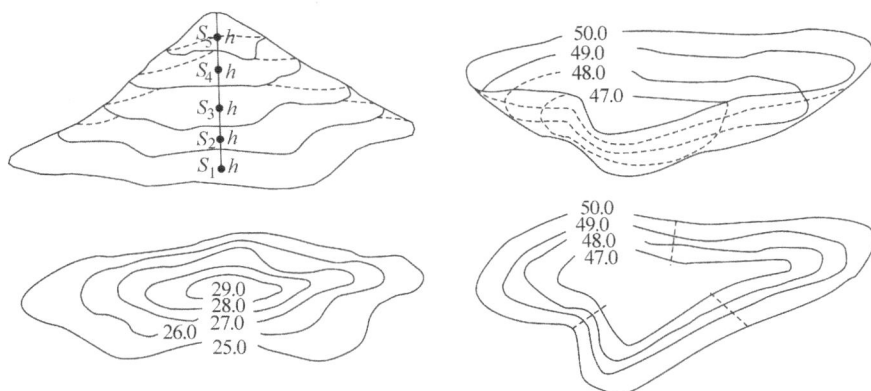

图 2-22　水平断面法图示

1.土方的平衡与调配原则

(1)挖方与填方基本达到平衡,减少重复倒运。

(2)填(挖)方量与运距的乘积之和尽可能为最小,即总土方运输量或运输费用最小。

(3)分区调配应与全场调配相协调,避免只顾局部平衡,任意挖填而破坏全局平衡。

(4)好土用在回填密实度要求较高的地区,避免出现质量问题。

(5)土方调配应与地下构筑物的施工相结合,有地下设施的填土,应留土后填。

(6)选择恰当的调配方向、运输路线、施工顺序,避免土方运输出现对流和乱流现象,同时便于机具调配和机械化施工。

(7)取土或弃土应尽量不占用园林绿地。

2.土方平衡与调配的方法

场地土方平衡与调配,需编制相应的土方调配图表(图2-23),以便施工中使用。其方法如下:

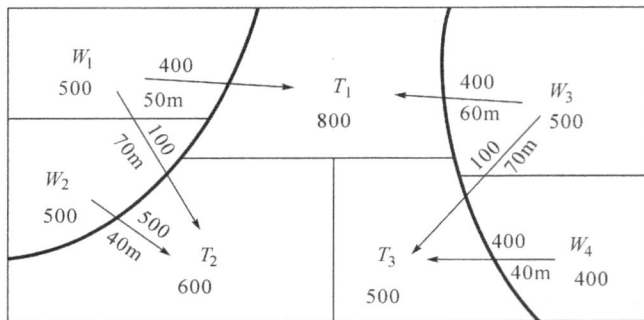

图 2-23   土方调配图

(1)划分调配区。在场地平面图上先划出挖、填区的分界线,并在挖方区和填方区适当划出若干调配区,确定调配区的大小和位置。划分时应注意以下几点:

①划分应与园林场地平面位置相协调,并考虑开工和分期施工顺序。

②调配区大小应满足土方机械的施工技术要求。

③调配区范围应和场地土方工程量计算用的方格网相协调,一般可由若干个方格组成一个调配区。

④当土方运距较大或场地范围内土方调配不能达到平衡时,可考虑就近借土或弃土。此时一个借土区或一个弃土区可作为一个独立的调配区。

(2)计算各调配区的土方量并标注在调配图上。

(3)计算各调配区之间的平均运距。平均运距即挖方区土方重心至填方区土方重心的距离。一般情况下,可通过作图法近似地求出调配区的重心位置,并标注在图上,然后用比例尺量出每对调配区的平均运距。

(4)定土方最优调配方案。最优调配方案的确定是以线性规划为理论基础的,常用"表上作业法"求解,使总土方运输量为最小值,即为最优调配方案。

(5)绘出土方调配图。根据以上计算标出调配方向、土方数量及运距。

(三)地形整理方法

园林地形整理中,人工湖的开挖和土山体的堆砌是两项较为重要而又十分典型的工作。对挖湖堆山的放线,也可以考虑利用方格网作为控制网(图2-24)。

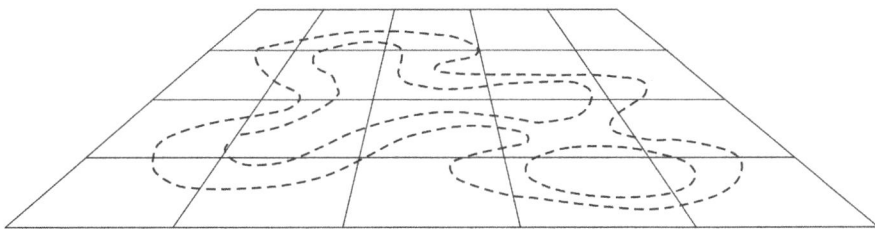

图 2-24　方格网放线

1. 人工湖的开挖方法及要点

（1）人工湖开挖的程序一般是：测量放线→排降水→按等深线分层开挖→湖岸开挖与修整→人工修整。人工湖底有深浅时，应遵循先深后浅或同时进行的施工顺序。挖土应自上而下水平分段分层进行，每层 0.3m 左右，边挖边检查人工湖的宽度及坡度，及时修整至设计标高，再统一进行一次修坡清底。

（2）开挖前，应先进行测量定位，定出开挖边线，按放线分块（段）分层挖土。根据土质和水文情况并且根据设计要求，按设计等深线位置放线，先挖取人工湖中心部位，然后再按等深线四周逐步扩大范围。

（3）人工湖开挖过程中往往会有大量地下水渗出。可每间隔一定距离开掘一个集水坑，坑中积水用泥浆泵抽排；或事先开挖先锋沟，设置抽水井，选择排水方向，并在施工前将水抽干，以保证后道工序能正常施工（图 2-25、图 2-26）。地面也应做好排水措施，防止地表水流入坑内冲刷边坡，造成塌方和破坏基土。

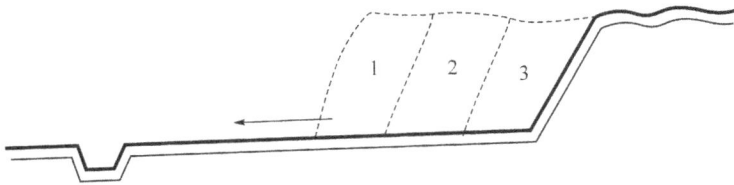

图 2-25　单边作业，单侧排水

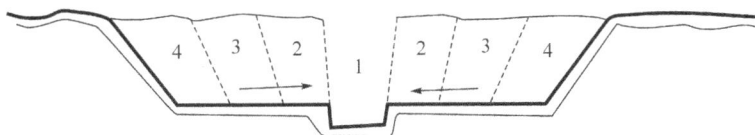

图 2-26　两边作业，中间排水

（4）在修整湖岸时，为了保证土坡的稳定，不得将作业的挖土机履带与所挖湖岸边线平行作业、行驶、停放。运土汽车应距开挖边线平行 3m 以外行驶。

(5)对所开挖湖体有石砌驳岸边线时,应结合驳岸施工,挖完后及时进行驳岸施工,防止开挖结束后造成土方的自然坍塌,同时应预留驳岸作业的施工空间。

2.土山体的堆砌方法及要点

(1)堆山填土时,由于土层不断加厚,桩可能被土淹没,所以常采用标杆法(图2-27)或分层打桩法(图2-28)。而对于较高的山体,可以采用分层打桩法。分层打桩时,桩的长度应大于每层填土的高度。

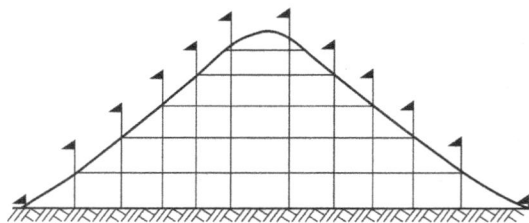

图2-27 标杆法

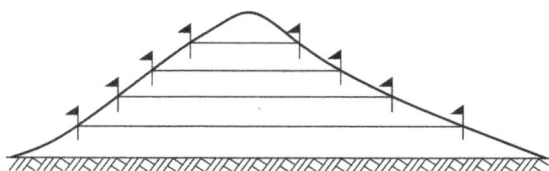

图2-28 分层打桩法

(2)土山体的堆砌、填料应符合设计要求,保证堆筑山体土料的密实度和稳定性。当在有地下构筑物的顶面堆筑较高的土山体时,可考虑在土山体的中间放置轻型填充材料,以减轻整个山体的重量。

(3)土方堆筑时,要求对持力层的地质情况作详细了解,并计算山体重量是否符合该地块地基的最大承受力,如大于地基承载力,则可采取地基加固措施。

(4)土山体的堆筑,应采用机械堆筑的方法。采用推土机填土时,填土应由下而上分层堆筑,每层虚铺厚度不宜大于50cm。

(5)土山体的压实应采用机械进行。为保证填土压实的均匀性及密实度,在机械碾压之前,宜先用轻型推土机、拖拉机推平,使表面平实。

(6)土山体的等高线按平面设计及竖向设计施工图进行施工。为体现山坡变化,做到坡度流畅,每堆筑1m高度就应对山体坡面边线按图示等高线进行一次修整。整个山体堆筑完成后,再根据施工图平面等高线尺寸形状和竖向设计要求自上而下对整个山体的山脊、山坡、山凹等山形变化点修整一次,做到山体地形整体曲线顺畅、柔和。

复习思考题

1. 简述土壤的可松性。

2. 简述土壤的自然安息角。

3. 简述土壤的工程分类。

4. 简述土方填筑的施工要点。

5. 简述土方夯实的施工要点。

6. 地形整理工作开展前需做好哪些准备工作？

7. 简述场地土方量计算的常用方法。

8. 简述方格网法的计算流程。

9. 简述土方调配的基本思路。

实训项目一　"土方工程施工"实训操作

[实训目的]

通过土方工程现场实训操作，主要让学生了解土方工程的施工流程，熟悉土方工程施工的准备工作，掌握土方开挖的基本施工方法和技术要点等内容。

[实训要求]

按班级人数情况，一般 5 人为一组，以组为单位进行施工操作。要求在实训课期间当场完成，并做好施工过程记录。

[实训材料与设备]

手推车、十字镐、铁锹（尖头与平头）、钢钎、木耙、筛子（孔径 40～60mm）等。

[实训场地]

学校园林工程综合实训基地或者校外紧密型校企合作企业的项目施工现场。

[实训内容]

每个小组根据自己设计并选定的某园林项目中某区块土方工程的平面图和竖向设计图，在识图并掌握该图纸施工要点基础上，做好以下操作内容：

（1）每组分别以开挖与填埋沟槽的形式开展土方的挖方、回填、夯实等操作，各小组需完成 2m×1m×0.5m 沟槽土方的开挖与回填实训操作任务，符合施工质量规范和验收要求。

（2）每组做好本组施工全过程记录（包括文字、照片等），提交本组施工小结一份。

第三章

园林道路工程施工技术

本章内容提要

　　根据目前园林道路工程实际施工特点,本章全面深入地阐述了园路的作用、分类和构造;园路的施工工艺及其方法,几种常见园路面层的铺设及其施工要点;园路病害及其成因。最后配以"园林道路工程施工"实训操作,希望加强理论学习的效果,提高学生的实践动手能力。

　　园林道路简称园路。园路与广场铺装在园林绿地内通常占地面积较大。除去绿化种植地块、园林小品、山体和河流外,几乎都是园路和广场铺装,两者一起构成园林绿地中重要的硬质地面景观。往往采用不同材料、不同色彩、不同规格和不同花纹的组合进行园路面层铺设,从而能铺装成各具风格的地面,较好反映该园林绿地的主题思想。

第一节　园路的作用、分类和构造

一、园路的作用与分类

(一)园路的作用与特点

　　园路是贯穿园林的交通脉络,是联系若干个景区和景点的重要纽带。园路除具有与市政道路相同的交通功能外,还有许多特有的功能。

1.组织空间,引导游览

在园林绿地中,常常利用地形、建筑、植物或道路把全园分隔成各种不同功能的景区,同时又通过道路把各个景区联成一个整体,从而构成一个布局合理、景色靓丽、富有节奏和韵律的园林空间。中国传统园林"道莫便于捷,而妙于迂"、"曲径通幽"等都道出了园路在有限空间内忌直求曲、以曲为妙的特点。园路的曲折是经过精心设计、合理安排的,使得遍布全园的道路网按设计意图、路线和角度把游人引导输送到各景区景点的最佳观赏位置,并利用花、树、山、石等造景素材来诱导、暗示人们不断去发现和欣赏令人赞叹的园林景观。

2.组织交通

园路除需发挥对游人的集散与疏导作用外,还应满足各种园务运输任务(如园林绿化、维修养护、消防安全、物资转运)的要求。对于小型绿地,这些任务可综合考虑,但对于大型公园,由于园务工作交通量较大,有时可以设置专门的路线和入口,以方便交通管理。

3.构成园景

园路是园林风景的重要组成部分,其蜿蜒起伏的曲线、丰富的寓意、精美的图案,都给人以美的享受。园路与周边建筑、水体、山石、植物等造园要素紧密结合,一起组成丰富多彩的园林景观,达到"因景设路"、"因路得景"的良好效果。

4.提供活动场地和休息场所

顺着园路,在园路合适的路段布置园椅园凳,可为游人提供一定的休憩设施和条件。而在建筑小品、花坛等处,园路则可扩展为一处小型广场铺地,可为游人驻足欣赏景色及开展小型活动提供良好的场所。

(二)园路的分类

园路的分类方法很多,常见的分类方法主要有以下几种:

1.按功能分类

(1)主园路。主园路是指从园林入口通向全园各景区中心、各主要建筑、主要景点、主要广场的主要道路,形成全园的骨架和回环。主园路为园内最宽道路,一般为 4~6m,其面层的铺设应尽量全园统一、协调,常见以混凝土和沥青路面为主。

(2)次园路。次园路分散在各景区,主要起到沟通联系各景点、建筑的作用,是主园路的辅助道路。次园路的宽度依绿地游人容量、流量、功能及活动内容等因素而定,一般为主园路的一半,以 2~4m 为多,路面铺装形式较为灵活多样。次园路的自然曲度大于主园路,以优美、舒展、富于弹性的曲线构成有层次的景观。

(3)小路。小路又叫游步道,是园路系统的末梢,是深入山间、水际、林中、花丛中供人们漫步游赏的路。游步道可以延伸到园林绿地的每一个角落，布置于高低起伏的地形之间，形成亲切自然、静谧幽深的自然游览步道。一般而言，游步道宽度多为 0.7～1.2m，面层材料多选用简洁、粗犷、质朴的自然石材。

（4）园务路。此类园路是为便于园务运输、养护管理等需要而建造的路。这种路往往有专门的入口，直通公园的仓库、餐馆、管理处等处，并与主园路相通，以便把物资直接运往各景点。在有古建筑、风景名胜区等区域，园路的规划布置还应考虑消防等要求。

2.按面层分类

（1）整体路面，包括沥青混凝土路面（图 3-1）、水泥混凝土路面（图 3-2）等。整体路面平整度好，路面耐压、耐磨，养护简单，便于清扫，多使用于主干道。

图 3-1　沥青混凝土路面

图 3-2　水泥混凝土路面

（2）块料路面，包括条石路（图 3-3）、砖铺地（图 3-4）、预制水泥混凝土方砖路等。块料路面种类繁多，图案纹路多变，色彩丰富，装饰性好，多使用于广场、次园路、游步道等处。

图 3-3　花岗岩路面

图 3-4　青砖路面

（3）碎料路面，包括卵石路面（图3-5）、小料石路面（图3-6）、花街铺地等。碎料路面样式丰富，做工精致，具有活泼、轻快等风格特点，多使用于庭院和游步道等处。

图3-5　卵石路面

图3-6　小料石路面

（4）其他路面，包括小砾石路面、松屑铺地等简易路面。

3.按结构分类

（1）路堑型。路堑型园路的路面低于两侧地面，立道牙高于路面，采用道路排水。

（2）路堤型。路堤型园路的路面高于两侧地面，平道牙位于道路靠近边缘处，通常利用明沟或两侧绿地排水。

（3）特殊型。特殊型园路如步石、汀步、蹬道、攀梯等。

二、园路的构造

园路有多种结构形式，但由于园林中车辆通行相对较少，园路的荷载较小，因而园路结构相比市政道路要简单。典型的园路结构主要由路基、垫层、基层、结合层和面层所组成（图3-7）。园路各结构层的厚度在施工设计图纸中都有明确详细的标注，施工时应严格按照设计图纸的要求进行施工。

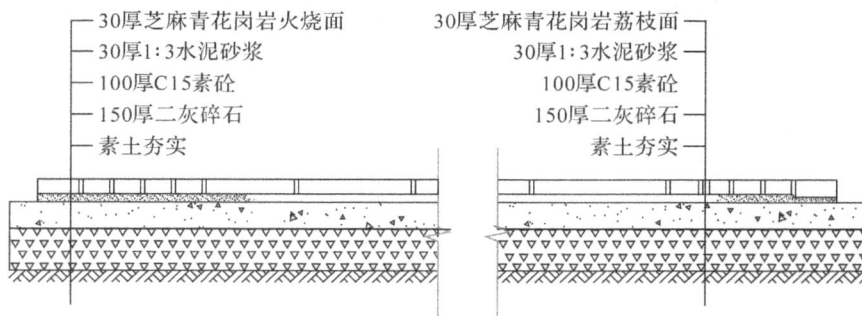

30厚芝麻青花岗岩火烧面　　30厚芝麻青花岗岩荔枝面
30厚1:3水泥砂浆　　　　　　30厚1:3水泥砂浆
100厚C15素砼　　　　　　　100厚C15素砼
150厚二灰碎石　　　　　　　150厚二灰碎石
素土夯实　　　　　　　　　　素土夯实

图3-7　园路结构

（一）路基

路基是道路的基础。它为园路提供一个平整的基面，承受路面传递下来的荷载，并保证路面有足够的强度和稳定性。一般黏土或沙性土经夯实后可以直接做路基。如果路基的稳定性不良，应及时采取措施，以保证路面的使用寿命。

（二）垫层

在路基排水不畅、易受潮受冻情况下，园路通常需要增设垫层，以有利于排水、防冻胀，稳定路面。一般可采用煤渣土、石灰土等水稳定性好的材料作为垫层，铺设厚度为 8～15cm。当选用的材料兼具垫层和基层作用时，可合二为一，不再单独设置垫层。

（三）基层

基层位于路基和垫层之上，承受由面层传来的荷载，并将荷载传给路基。基层是保证路面的力学强度和结构稳定性的主要层次，应选用水稳定性好、具有较大强度的材料。如碎石、砾石、工业废渣、石灰土、混凝土等，其厚度可在 6～15cm。

（四）结合层

在铺砌面层时，为黏结、找平和排水需要，要在基层和面层之间设置结合层，以使面层和基层紧密结合。结合层材料一般选用 3～5cm 厚的粗沙、1∶3 水泥砂浆等。

（五）面层

面层是位于路面结构最上面的一层。由于路面直接承受人流、车辆和各种环境因素的影响与破坏，其材料选择往往要求坚固、平稳、耐磨损、防滑、反光小，且具有一定的粗糙度，以便清扫。根据需要可选用的面层材料种类较多，如花岗岩、青石板、水泥面砖、小青砖、鹅卵石、透水砖等均可；同时，同类材料也有很多种颜色，如花岗岩就有黑色、灰色、黄色等；其表面也有火烧面、拉丝面、斧凿面、光面等。因此，设计图纸中有把这些不同色彩、不同规格、不同面层处理方式的花岗岩组合成各种图案纹路的园林园路及铺地面层；也有把花岗岩、小青砖、鹅卵石等各种面层材料组合应用在一起，建成体现绿地主题思想的硬质铺地景观，如花岗岩结合卵石素拼路面（图 3-8）、嵌草路面（图 3-9）。

（六）附属工程

1. 道牙

道牙也称侧石、路缘石，有平道牙（图 3-10）和立道牙（图 3-11）两种形式。道牙用来在道路上划分不同区域，如将车行道和人行道分开时采用立道牙，而人行道和自行车道分开采用平道牙或采用不同色块和材质的道板转。其中立道牙适用于块料路面，平道牙适用

图 3-8　花岗岩结合卵石素拼路面　　　　　图 3-9　嵌草路面

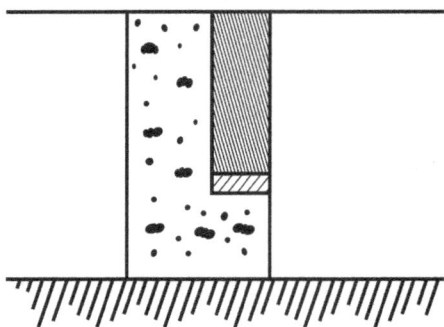

图 3-10　平道牙

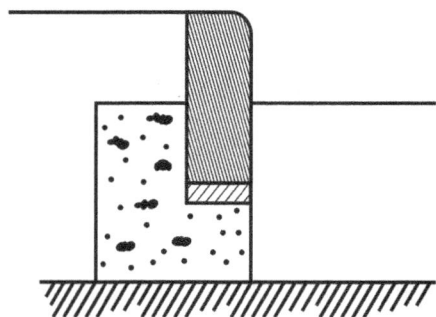

图 3-11　立道牙

于整体路面,将它们安置在路面两侧,使路面与路肩在高程上起衔接作用,并能保护路面,便于排水。安装立道牙的路面,可使流到车行道内的雨水汇集在立道牙和道路横坡所组成的小三角地带内,既方便设置雨水口收集雨水,又能减小降雨对靠近中心线车道行车的影响,保证道路的通行能力。

　　在园林中,道牙的材料多种多样,可以根据环境景观的需要做成各种样式来装饰路面。除砖和混凝土预制块外（图 3-12a），也可用石材凿打整形为长条形做成，如花岗岩、青石板等。此外，还可用瓦、大卵石等制成（图 3-12b）。

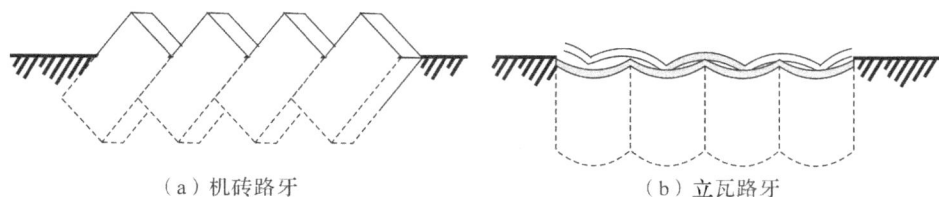

（a）机砖路牙　　　　　　　（b）立瓦路牙

图 3-12　机砖路牙和立瓦路牙

2. 排水沟

排水沟的主要作用是收集路面雨水，在园林中通常由砖块或自然石材砌成（图 3-13）。

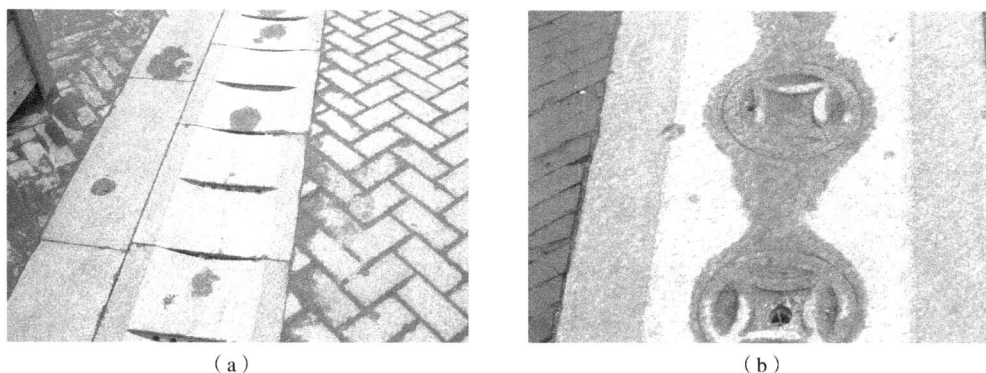

（a）　　　　　　　　　　（b）

图 3-13　不同表现形式的排水沟

第二节　园路的施工工艺及其方法

园路施工通常包括定桩放线、开挖路槽、铺筑基层、铺筑结合层、铺筑面层等工序。

一、定桩放线

根据路面设计的中心线，通常每隔 20m 设置一中心桩。根据设计好的道路曲线，应在曲线的起点、曲线的中点和曲线的终点各设一中心桩，并写明桩号；再以中心桩为准，根据路面宽度定下边桩，然后沿着两边的边桩连成圆滑的曲线，这就是路面平曲线。各中心桩应标注道路标高。

二、开挖路槽

按设计路面的宽度,每侧加放 20cm 开挖路槽。路槽深度应与路面厚度相等,并且要有 2‰～3‰ 的横坡度,使其成为中间高、两边低的圆弧形或折线形。

槽底挖好后应进行素土夯实,这是一项重要的质量控制工作。首先应清除腐殖土,避免埋下日后地面可能下陷的隐患。当土方调配达到设计标高后,可用打夯机进行素土夯实,达到设计要求素土夯实的密实度,并不得有翻浆、弹簧现象。槽底平整度的误差,不得大于 2cm。

三、铺筑基层

铺筑基层前,应先按设计要求备好铺筑材料,虚铺厚度要大于实铺厚度,具体虚铺厚度则根据铺筑材料种类、性质和实铺厚度等参数而定。碾压夯实后,基层表面应坚实平整,整体厚度、平整度、中线高程均应合乎设计要求。当根据设计图纸需单独设置垫层时,其铺设要求同基层铺筑(图 3-14)。常用的基层有干结碎石基层、天然级配沙砾基层、砼基层(图 3-15)、粉煤灰无机料基层和石灰土基层等。

图 3-14　铺筑垫层

四、铺筑结合层

通常采用 1∶3 水泥砂浆,或采用粗沙垫层,厚度 30mm 左右。道牙基础应与路槽同时填挖碾压,其结合层可采用 1∶3 水泥砂浆铺砌。

五、铺筑面层

根据园路面层铺装材料的不同,常见有花岗岩园路、碎拼花岗岩园路、水泥面砖园路、

图 3-15　铺筑砼基层

小青砖园路、鹅卵石园路、植草砖园路、彩色混凝土压模园路、木铺地园路、透水砖园路等，而越来越多的园路则是由各种不同面层材料混合铺筑而成。面层材料不同，所采用的施工方法和施工工艺也会有所不同。对于颜色不同、种类不同的面层材料，应进行分类堆放，便于取用。下面，着重介绍园路铺地中常用的鹅卵石铺地、花岗岩铺地、砖铺地和植草砖铺地等四种铺地样式。

（一）鹅卵石铺地

鹅卵石铺地（图 3-16），因其材料品种、规格大小、表面质量等参数选择性大，整体性好，镶嵌图案、形状多种多样，饰面效果自然，是目前选用较多的园路面层种类。

图 3-16　鹅卵石铺地

1.施工准备

（1）材料：首先，按设计要求的色样、颗粒规格、表面光泽度等，依据施工进度要求组织材料进场；其次，应将鹅卵石按设计所要求的品种、规格、色样配比拌和均匀，用清水将鹅卵石表面的灰尘、泥土等清洗干净，晾干备用。

（2）工具、机具：灰桶、铁抹子、木抹子、喷水壶、水平尺、方尺、尼龙线、靠尺等。

2.操作工艺

(1)基层清理:基层清扫干净,洒水湿润。

(2)测量、放线:根据鹅卵石园路平面设计大样图,将确定的鹅卵石镶嵌方案测设到基层表面。

(3)设标筋:设好地面水平标高控制线,沿平台每隔2～3m做好标筋。

(4)铺水泥砂浆:用1∶3水泥砂浆,按设计所要求厚度铺设,铺好后用刮尺压实刮平,用铁抹子搓平、压实、提浆。

(5)镶嵌鹅卵石:镶嵌时应从场地一方往另一方按顺序铺贴,鹅卵石镶嵌面朝向严格按设计要求。操作时,使鹅卵石陷入水泥砂浆约2/3为宜。栽好鹅卵石后,用木抹子轻拍鹅卵石表面,使其均匀下陷,表面平整。由于鹅卵石呈蛋形,一般应选择光滑圆润的一面向上,在作为庭院或园路使用时一般应横向埋入砂浆中,在作为健身步道使用时一般应竖向埋入砂浆中,这样与砂浆的结合就会比较牢固。若使用较大的鹅卵石,则其埋入砂浆的部分会多些,但总体要求是路面整齐、高度一致,鹅卵石镶嵌图案与设计图纸保持一致。切忌将鹅卵石最薄的一面平放在砂浆中,这样既不好看,也较容易导致脱落(图3-17)。

图3-17 鹅卵石路面剥落

(6)扫浆、清理:鹅卵石镶嵌完后应立即安排扫浆,扫浆材料用纯水泥拌成水泥浆。操作前,先将鹅卵石饰面的浮浆等清理干净;操作时,在大面积鹅卵石饰面上扫上一道水泥浆,待水泥浆干透时,用棉布蘸稀盐酸将鹅卵石表面的浮浆擦干净,并注意施工现场的成品保护。

3.质量要求

所铺设鹅卵石的品种、规格、色样等均需符合设计要求。鹅卵石饰面色泽均匀,颗粒间距合理,镶嵌面朝向符合设计要求,表面平整,镶嵌牢靠,无掉粒现象。鹅卵石与基层浆体应相接平顺,无凹陷、起拱现象,基层浆体表面平整,色泽光亮统一,无起拱、反砂现象。此外,鹅卵石的疏密也应保持均衡,不可部分拥挤、部分疏松。如果要做成花纹,则应先进行排版放样,然后进行铺设。

(二)花岗岩铺装

花岗岩铺装(图 3-18)色泽丰富,常用的表面处理有自然面、毛面、光面、火烧面、拉丝面等,根据设计需要可以加工成各种规格,有规则形状和不规则形状等。

图 3-18　花岗岩路面铺装

1. 施工准备

花岗岩铺装施工前应做好下列准备工作:

(1)材料:按设计要求的品种、规格、色样预先订货,运至现场的板材应逐箱取样,用"品"字检查方正度,量出尺寸,校核合格后方可进场。

(2)机具准备:常用机具有切割机、磨石机、钢卷尺、水平尺、方尺、墨斗、尼龙线、靠尺、橡皮锤、木抹子、喷水壶、擦布等。

2. 操作工艺

(1)选材:根据工程具体设计要求,分别选取规格、品种、颜色、纹理、外观质量一致的花岗岩板材。不同颜色、不同规格的材料应该分类摆放。石材的选择至关重要,直接关系到工程完工后观感质量的好坏。严禁所选石材出现大面积色差、纹理不清的情况。同品种、同规格石材,必须保证石材样式的同一性,防止色差的产生。有裂纹、缺楞、掉角、翘曲和表面缺陷时,应予以剔除。

(2)混凝土基层表面处理:铺贴前应将混凝土基层表面的灰尘、污垢等处理干净,并洒水湿润。

(3)铺设结合层干硬性水泥砂浆:主要根据已测定的板面标高线控制结合层砂浆的铺设厚度。根据弹好的控制线拉好十字控制线,然后开始铺设结合层干硬性水泥砂浆(干硬程

度以手捏成团、松手落地即散为宜),厚度控制在放上花岗岩板材时高出板面标高线 3mm 为宜,铺好后用长直尺刮平。结合层砂浆一次不宜铺设面积过大,以免干结,影响质量。

(4)铺贴(图 3-19):先注意将花岗岩板材相互对准纵横缝后铺设在干硬性砂浆结合层上,用橡皮锤敲击板材中部,震实砂浆至铺设高度后,将板材掀起并移至一旁,检查砂浆表面与板材之间是否相吻合,如发现有空虚之处,应用砂浆镶铺。然后在砂浆表面均匀喷洒适量素水泥浆,再把板材对准铺贴。铺贴时,板材四角要同时着落,再用橡皮锤敲击至标高线找平。

图 3-19 花岗岩板材铺贴

(5)清理、勾缝(图 3-20):每片花岗岩板材贴完后,应及时检查,及时调平、调直,不能出现大小缝不均匀的现象,并将表面擦净至无残灰、污迹为止。全部板材贴完并经检查合格(比如板材表面无断裂、空鼓现象)后,应按设计要求进行嵌缝、勾缝。

图 3-20 花岗岩面层调平处理

3.施工要点

花岗岩板材要用橡皮锤敲打、压实,要注意找平。花岗岩面层可以不留缝,但最后一般要用粗沙扫缝。要注意控制花岗岩铺装中容易出现的一些通病,比如板面空鼓、板材隆起(图 3-21)、接缝高低不平、缝子宽窄不均以及板材泛碱等。

图 3-21 花岗岩板材隆起

(三)砖铺装(图 3-22)

1.施工准备

(1)材料:根据设计要求的规格、色样订购面砖,依据施工进度要求组织材料进场。

(2)工具、机具:灰桶、木抹子、水平尺、方尺、墨斗、喷水壶、刮尺、切割机、木锤或橡皮锤等。

图 3-22 砖铺装

2.操作工艺

(1)基层清理:基层清扫干净,洒水湿润。

(2)检查混凝土基层的坡度及表面平整度:按规范要求检查混凝土基层的标高、坡度及表面平整度。

(3)测量、放线:将确定的面砖铺贴方案测设到基层表面。

(4)设标筋:设好地面水平标高控制线,做好标筋。

(5)铺贴(图 3-23):采用 1:3 干硬性水泥砂浆铺贴面砖。铺砖时,应从一方往另一方按顺序铺贴,组砌顺序严格按照设计要求,在铺砖时要注意对缝。操作时,铺设后的面砖应用木锤或橡皮锤轻敲,使砖块陷入砂浆 3～5mm。干硬性水泥砂浆的厚度应符合设计要求。

图 3-23　面砖铺贴

(6)清理、勾缝(图 3-24):每片面砖贴完后,应调平、调直、补强,并将表面擦净。全部面砖贴完并经检查合格后,应按设计要求进行嵌缝、勾缝。

图 3-24　面砖清理、勾缝

(四)植草砖铺地

植草砖铺地(图3-25)是指在砖的孔洞或砖的缝隙之间种植草皮的一种铺地。若植草砖中的草皮长势强健,则整个铺地看上去仿佛是一片青草地,平整且地面坚硬,大多作为停车场的地坪使用(图3-26)。

图3-25　植草砖铺地

图3-26　植草砖铺地用作停车场

植草砖铺地常见有两种做法,一种是素土夯实→碎石垫层→细沙层→砖块及种植土、草籽,另一种则是素土夯实→碎石垫层→混凝土垫层→细沙层→砖块及种植土、草籽。上述两种做法的主要区别就在于对基层的处理方法略有不同。

从上述植草砖铺地的基层处理方法中可以看出,素土夯实、碎石垫层、混凝土垫层的处理方法,与一般的花岗岩道路的基层处理方法相同,不同的是在植草砖铺地中增设了细沙层,还有就是面层材料不同。因此,植草砖铺地做法的关键也在于面层植草砖的铺装,应按设计图纸的要求选用植草砖。植草砖铺筑时,砖与砖之间应留有间距,一般为50mm左右。此间距中,先撒入种植土,再播入草籽,最后适量施肥。在适宜的温度、湿度条件下,草籽发芽长出茂盛的青草,也就成了植草砖铺地。目前,已应用一种植草砖格栅,将它直接铺设在地面上,再撒上种植土,种植青草后,就成了植草砖铺地。

六、铺筑道牙

道牙基础宜与路槽同时填挖碾压,以保证整体的均匀密实度。一般先填下部混凝土垫层,再用1∶3水泥砂浆做结合层,平稳牢固后用M10水泥砂浆勾缝。道牙背后路肩用灰土夯实。在选材时,道牙色泽、尺寸等应与路面铺装协调并符合设计要求。

第三节 园路病害及其成因

园路在使用过程中由于受到园路施工质量、自然环境因素及车辆行驶情况等多方面因素的影响,部分园路会逐渐产生损毁现象,称为园路病害。园路病害主要包括裂缝与凹陷、啃边以及翻浆等三种形式。

一、裂缝与凹陷

造成裂缝(图 3-27)与凹陷的主要原因是基土过于湿软或基层厚度不够,强度不足,路面荷载超过土基承载力。

图 3-27 裂缝

二、啃边

路肩和道牙直接支撑路面,使之保持横向稳定。因此,路肩与其基土必须紧密结合,并有一定的坡度,否则由于雨水的侵蚀和车辆行驶对路面边缘的啃噬作用,可能使之损坏,并从边缘起向中心发展,这种破坏现象叫啃边(图 3-28)。

三、翻浆

在季节性冰冻地区,地下水位高。特别是对于粉沙性土基,由于毛细管作用,水分上升到路面下,冬季气温下降,水分在路面下形成冰粒,体积增大,路面就会出现隆起现象。到春季,上层冻土融化,而下层尚未融化,这样使土基变成湿软的橡皮状,路面承载力下

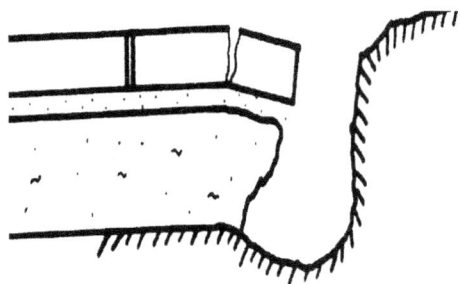

图 3-28　啃边

降。这时如果车辆通过,路面将下陷,并导致邻近部分隆起,将泥土从裂缝中挤出来,使路面被破坏,这种现象叫翻浆(图 3-29)。

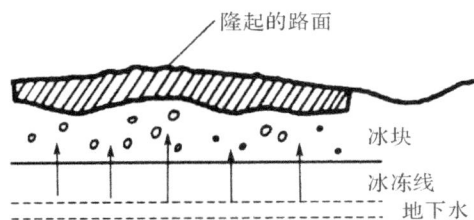

图 3-29　翻浆

复习思考题

1. 常见的园路分类方法主要有哪些?

2. 简述典型的园路结构及各结构层的特点。

3. 简述道牙的形式及其特点。

4. 简述园路工程的一般施工流程。

5. 简述鹅卵石园路面层铺设的施工要点。

6. 简述花岗岩园路面层铺设的施工要点。

7. 简述园路病害的形式及其成因。

实训项目二 "园林道路工程施工"实训操作

[实训目的]

通过园林道路工程施工现场实训操作,主要让学生进一步熟悉园路施工流程与构造,掌握园路常见面层材料铺设的施工流程及工艺要求等内容。

[实训要求]

按班级人数情况,一般 5 人为一组,以组为单位进行施工操作。要求在实训课期间当场完成,并做好施工过程记录。

[实训材料与设备]

水泥、沙、有关面层材料(如花岗岩、青石板、鹅卵石、青砖等)、铲、橡胶锤、灰勺、木桩、棉线等。

[实训场地]

学校园林工程综合实训基地或者校外紧密型校企合作企业的项目施工现场。

[实训内容]

每个小组根据自己设计并选定的园路设计详图(平面图、断面图等),在识图并掌握该园路图纸施工要点基础上,做好以下操作内容:

(1)每组分别开展园路结合层和面层等铺设操作,每组需完成长 2m 的园路面层铺设实训操作任务,符合施工质量规范和验收要求。

(2)每组做好本组施工全过程记录(包括文字、照片等),提交本组施工小结并开展PPT 报告,开展小组间交流学习。

第四章

园林绿化工程施工技术

本章内容提要

　　根据绿化工程现场施工实际需要,本章全面阐述了绿化工程的功能和类型、绿化工程施工放样和绿化工程栽植土壤处理技术。按照园林绿化工程施工流程,本章还详细介绍了裸根苗、带土球苗的施工工艺及其方法,并着重说明了大树移植及其技术要求。最后配以"绿化工程施工放样"和"绿化工程施工"实训操作,希望加强理论学习的效果,提高学生的实践动手能力。

　　园林绿化栽植是园林工程施工中最为基础的建设内容之一,同时也是充分体现有生命力的园林景观的最重要途径。通过对园林绿化植物的精心种植与养护,充分运用花草树木的不同形状、颜色、用途和风格,构造出一年四季色彩丰富、乔冠花草层层叠叠的绿地,达到绿化美化并改善城市生态环境的目的,营造出具备新鲜空气、明媚阳光、清澈水体和舒适而安静空间的生活工作环境,从而使绿化工程发挥出最大化的景观和生态效益。

第一节　绿化工程的功能和类型

　　园林绿化工程通常包括乔灌木种植工程、大树移植工程、草坪种植工程等。在城市生态环境建设中,绿化工程要取得成功,绿化植物不但要成活,而且要长势良好,达到整体设计所预期的植物景观和生态效果,在很大程度上取决于当地的小气候、土壤、排水、光照等多种生态因子。开展绿化工程,主要可以发挥以下重要功能:

一、净化空气

空气是人类赖以生存不可缺少的物质,而园林植物在净化空气方面有独特作用,它能吸滞烟尘和粉尘,吸收有害气体,吸收二氧化碳并放出氧气,这些都对净化空气起到很好的作用。

1.吸收二氧化碳

从城市小范围来说,由于密集的城市建筑和众多的城市人口,形成城市中许多气流交换减少和辐射热相对封闭的生存空间。目前,许多市区空气中的二氧化碳含量已超过自然界大气中二氧化碳正常含量指标,尤其在风速小、天气炎热的条件下,在人口密集的居住区、商业区和大量耗氧燃烧的工业区,这种现象出现的频率更大。在人们所吸入的空气中,当二氧化碳含量超标时,人的呼吸就会感到诸多不适,从而对人的身体健康产生负面作用。

通过开展绿化工程,就可以在一定程度上发挥绿化植物调节和改善大气中碳氧平衡的重要作用,使空气中的二氧化碳通过植物的光合作用转化为营养物质。园林植被的这种功能,也是在城市环境这种特定条件下,其他手段所不能替代的。

2.吸收有害气体

当城市居民生活中燃烧煤炭所产生的二氧化硫,以及工业生产和汽车尾气等产生的空气污染物质达到一定浓度时,就会使环境受到严重污染,对人体造成伤害。但是许多园林植物,如夹竹桃、银杏、柳杉、樟树、海桐、青冈栎、女贞、刺槐、悬铃木等在其生命活动过程中,对许多有毒有害气体都有一定的吸收功能,在净化环境中可以发挥积极作用。比如,夹竹桃不仅抗二氧化硫能力强,其吸收二氧化硫的能力也很强。

3.吸滞烟尘和粉尘

空气中的烟尘和工厂排放出来的粉尘,也是污染环境的有害物质。而就现阶段来说,国内许多城市和地区都存在不同程度的此类大气污染现象。园林植物能吸滞并过滤空气中灰尘与粉尘的作用主要表现在两个方面:一方面是因为园林植被枝冠茂密,具有强大的减小风速的作用,随着风速的减小,气流中携带的大粒灰尘下降;另一方面,则是因为有些植物叶子表面粗糙不平,多绒毛,分泌黏性油脂或汁液,能吸附空气中的大量飘尘,而蒙尘后的植物经过雨水冲洗后,又能恢复其滞尘作用。因此,通过乔木、灌木和花草组成的复层绿化结构,会起到更好的滞尘作用。

4.减菌、杀菌

许多园林植物能分泌出具有挥发性的植物杀菌素,从而对细菌有抑制和杀灭作用,可为城市空气消毒,减少空气中的细菌数量,净化城市空气。

二、调节和改善小气候

园林植物具有很好的吸热、遮阴和增加空气湿度等作用。通过其叶片的水分蒸腾作用，能降低气温，调节湿度，消耗城市中的辐射热和来自路面、墙面及相邻物体的反射热能，缓解城市的热岛和干岛效应。城市中大面积的公园绿地，道路上浓密的行道树和城市其他各种街头绿地，对城市各地段的温度、湿度和通风均有良好的调节效果。这也就是在炎热的夏天，我们从城市里步行到森林、公园或行道树下时，会感觉到丝丝凉意的最重要原因。

三、减弱噪声

城市里往往人口集中、声音嘈杂，而车辆运输更为频繁，汽车、火车、飞机、建筑工地的轰鸣尖叫，常使人们处于噪声包围的环境里，不仅影响人们的正常生活，还会使听力减弱以至耳聋，并易引起疲劳，从而对人体产生伤害。而茂密的园林植物对声波有较好的散射和吸收作用，能大大减轻噪声污染，起到良好的隔音或消音作用，从而减轻噪声对人们的干扰和避免听力的损害。

第二节　绿化工程施工放样

园林绿化施工中，绿化植物种植定位的准确性对于更好地体现设计意图、营造预期植物景观效果至关重要。而在具体施工实践中，照图施工的技术关键是需要将各种绿化植物在设计图上的位置准确地测设到地面上，包括高程。

一、规则式栽植定点放线

成行成列栽植树木的方式称为规则式栽植。规则式栽植的特点是行位轴线明显、株距相等，常见的如行道树栽植等。

规则式放线相对较为简单，可在地面上以某一固定设施为基点，首选具有明显特征的点和线，如道路交叉点、中心线、建筑外墙的墙角和墙角线、广场和水池的边线等，这些点和线一般都是不会轻易改变的。依据这些特征点和线，可利用直线丈量法等直接用皮尺定出行位或列位，再按株距定出株位。为体现规则式栽植横平竖直、整齐美观的特点，可

考虑在每间隔 10 株植株中间设一木桩,以作为行位或者列位的控制标记以及确定单株位置的依据。定位时,可用白石灰标出每一单株的位置。

二、自然式栽植定点放线

植株间株距不等,呈不规则栽植的方式称为自然式栽植,常见的如公园绿地中的植物栽植。由于自然式栽植对于植物间种植配置的要求更高,因而放线更为复杂,一般有以下几种:

1. 交会法(图 4-1、图 4-2)

交会法适用于范围较小、现场内建筑物或其他标记与设计图相符的绿地。如以建筑物的两个固定位置为依据,根据设计图上植株与该两点的距离相交会,定出植株位置,以白灰点表示。

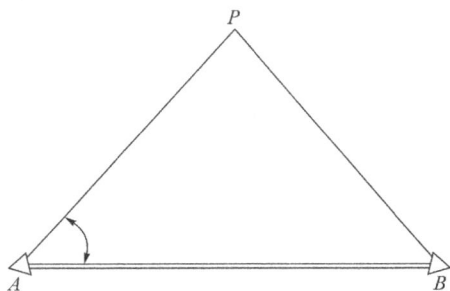

图 4-1　距离交会法　　　　　　　　图 4-2　角度交会法

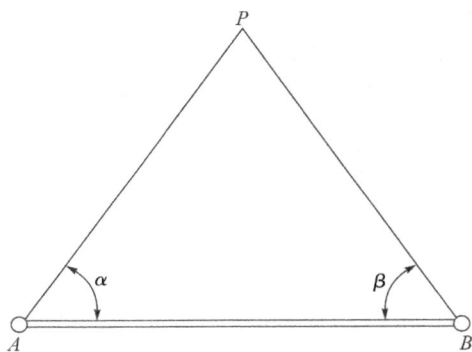

2. 网格法

网格法适用于范围大、地势较为平坦且无或少明确标志物的公园绿地。按比例在设计图上和现场分别划出等距离方格,方格大小可根据施工场地大小和放样精度要求而定(如 5m×5m,10m×10m 等),并在设计图中量出树木到方格纵横坐标的距离,再到现场相应的方格按比例量出坐标的距离,就可定出植株位置,以白灰点表示。

3. 小平板定点

依据所设定的基点,将植株位置按设计图纸要求分别依次定出,以白灰点表示。此方法适用于范围较大、测量基点较准确的绿地。

三、有关技术要求

为确保施工质量,使新栽植的树种、规格、数量等参数与设计图纸保持一致,在苗木种植点确定后就必须做好明显标识。如孤植树可钉木桩,并且标明编号、树种、挖穴的规格;丛植树界限要先用白灰线划出大范围,线圈内可钉一个木桩标明编号、树种、挖穴的规格,然后用目测的方法决定每个单株的小点位置,并用白灰点标明,特别要注意树林内的苗木配置应尽量自然并体现植物造景艺术,树种、数量等均需符合设计图纸要求。

在已经确定的种植点周围,可以种植点为圆心,按照不同树种对种植穴半径大小的要求,用白灰画圆圈,以标明种植穴挖掘范围。

第三节　绿化工程栽植土壤处理技术

各种不同的园林植物,往往对于土壤条件具有不同的要求,包括土壤的物理性质和化学性质。绿化种植土的酸碱性、排水性和疏松度等指标均应尽可能满足植物生态习性的要求。植物生长所需的最小种植土层厚度应大于植物主要根系分布深度。因为土壤是植物栽植和养护的基础,适地适树是园林绿化成功的关键。因此,在绿化工程开始前往往就应较好地摸清施工场地的土壤状况。在具体工程实践中,一定要高度重视不同城市、不同地域间土壤的理化性质差异,并有针对性地提出改良措施,为绿化工程及其后续的养护管理做好技术准备,否则将影响到园林绿化工程的质量和效益。

一、土壤的化学性质及其影响

土壤化学性质对园林绿化植物的成活率和生长势具有极其重要的影响,主要包括土壤的酸碱性和盐碱性两个方面。其中,我国的酸性土壤主要有红壤、黄壤、赤红壤等类型,具有土壤酸性程度不一、养分缺乏和有机质缺乏等特点。而土壤的盐碱性对植物的生长主要产生三个方面的影响:一是盐类中对植物有害的盐分所引起的伤害;二是影响根系的水和养分吸收;三是因盐分过高而导致磷、铁等营养元素成无效状态,造成植物营养元素缺乏。不少园林植物对高浓度盐的土壤溶液较为敏感,会出现诸如严重营养不良、焦边和黄化等一系列情况(图 4-3),甚至导致植株死亡。

图 4-3　部分植物在盐碱土壤中长势欠佳

二、土壤的物理性质及其影响

土壤是花草树木生长的基础,土壤中的土粒最好是团粒结构。土壤物理性质的指标包括土壤质地、土壤结构、土壤表观密度和土壤孔隙度等。土壤常分为沙土、壤土、黏土和石质土等,其中壤土肥力好,既通气透水,又保水保肥。在具体园林工程实践中,改良土壤质地常采用物理掺合法,即沙质土掺加黏土,黏土掺加沙土,这样就可以使改良后的土壤能够适合大多数植物的生长。

三、土壤的改良措施

绿化土壤改良处理的重要性在于为树木等植物提供良好的生长条件,保证根部能够充分伸长,维持活力,吸收养料和水分。考虑到绿化种植土壤的重要性,施工单位应根据种植地土壤实际情况,分别选取以下一种或几种土壤改良措施。

1.筛土、换土

施工进场后,第一项重要工作就是清除各类垃圾和废弃物,包括建筑垃圾、生活垃圾等,常用方法是筛土。要采取措施尽量清除那些不适合园林植物生长的灰土、渣土、没有结构和肥力的生土,并换成适合植物生长的土壤,如园田土等(图4-4、图4-5)。过黏、过分沙性的土壤应采用客土法进行改良。园林绿化种植土按用途可分为草坪用土、花卉用土、地被用土和乔灌木用土等。一般来说,草坪、地被根域层生存的最小土壤厚度为15cm,小灌木为30cm,大灌木为45cm,浅根性乔木为60cm,深根性乔木为90cm;而植物栽植的最小厚度在生存最小厚度基础上再分别相应增加。

图4-4　清理表层不适宜的土壤　　　　图4-5　更换表层适合绿化的土壤

2.保持土壤疏松,增加土壤透气性

(1)对于城市绿地,为了避免人踩车压而导致绿地土壤板结硬化,可考虑在绿地外围结合造景需要和场地实际情况,选用铁栏杆、PVC栅栏或绿篱等各种形式进行管理,减少人为践踏。

（2）在路肩定植行道树时，可适当扩大树木栽植穴，同时改换栽植土；需要行人的周围地面，可采用透气透水铺装，或铺设草坪砖。

（3）要加强日常管理，疏松土壤的同时增加土壤有机质含量，提高土壤肥力，熟化土壤。

3. 改进排水设施

对于地下水位较高的城市绿地，应加强排水管理，或局部抬高地形，采用台式种植。在雨水充沛地区以及黏重土壤的栽植穴底部应建立透气排水设施，如对于一些排水不良的种植穴，可以考虑在底部铺设1层10cm厚的沙砾或者铺设渗水管等。

4. 采用盐碱土、酸性土改良措施

要确保土壤处于适合植物生长的pH值范围。一般来说，为了保证花草树木的良好生长，土壤pH值最好符合本地区栽植土标准或控制在5.5～7.5范围内，或根据所栽植物对酸碱度的喜好而做调整，比如，喜酸性植物的土壤pH值应控制在5.0～6.5。

盐碱土的改良举措分为客土改良技术和原土改良技术，其中客土改良技术具体包括大穴客土技术，客土抬高地面、底部设置隔离层及渗水管复合型改土技术等；原土改良技术包括淡水洗盐技术、生物改盐技术、化学改良技术等。

酸性土的改良举措主要包括通过化学改良剂改良、生物措施改良、适当的水肥管理措施改良以及增加土壤有机质含量改良等。

第四节　园林绿化工程施工工艺及其方法

一、号苗

号苗工作对于选对苗木、选好苗木，并确保苗木定植工作的有序开展具有重要作用。

除了需要根据绿化种植设计所规定的规格、数量等基本要求来选定苗木外，通常还要求所选苗木应满足生长健壮、枝叶繁茂、分枝点和分枝合理、根系发达、无病虫害、无机械损伤等基本质量要求。对于已选定的苗木，根据种植的规模和复杂程度，要在苗木主干或基部作出便于识别的明显标记（图4-6），如涂色、拴绳、挂牌、编号等，以免出现不必要的差错。

图 4-6　苗木主干作标记

二、挖穴

（一）种植穴的挖掘要点

苗木种植穴的挖掘质量对于植株以后的生长有很大影响，在具体操作中应注意以下几点：

（1）除需按设计图纸确定位置外，还应根据根系或土球大小、土质情况等因素来确定穴径大小和穴的深浅。一般穴径应大于裸根苗根系展幅或土球直径 40～60cm，但是如果绿化用地的土质较差，又没经过换土，则种植穴的直径还应视具体情况再适当放大一些；种植穴的深度一般应比苗木根颈以下土球的高度更深一些，穴深一般宜为穴径的 3/4～4/5；种植穴的形状一般为直筒状，穴壁要上下垂直，即穴的上口下底一样大小，穴底挖平后最好把底土耙细，保持平底状，但需注意不能把穴底挖成尖底状或锅底状（图 4-7、图 4-8）。

（2）在耕作层较为明显的场地进行挖掘时，应注意将上层熟土与下层生土分开堆放于穴边，以便定植时先回熟土，后放生土。

（3）若在挖掘过程中发现土壤情况不够理想，比如土中含有少量碎块，则应去除碎块后再用；挖出的穴土若含有太多碎砖、瓦块以及灰团，或者土质较差，就要进行相应处理或者换成客土。若遇有不透水层及重黏土层，应进行疏松或采取排水措施；而对于排水不良的种植穴，可在穴底铺设 10～15cm 沙砾或铺设渗水管、盲沟，以利排水。

（4）若种植土较为贫瘠，则应在穴底施洒一层基肥，基肥表面还应覆盖一层厚 10cm 以上

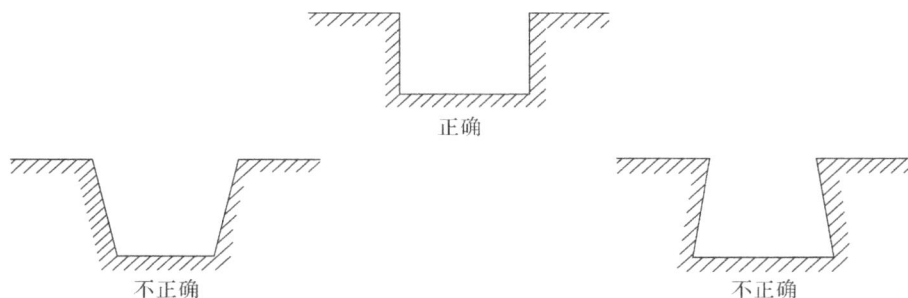

图 4-7　挖穴形状

的土壤,以将土球根系与基肥隔离,避免烧根。基肥应尽可能选用经过充分腐熟的有机肥,如堆肥等。条件不允许时,也可选择施用复合肥。

(5)作业时要注意各种地下管线的安全,如操作中发现电缆、管道等应立即停止作业,及时联系有关部门解决。

图 4-8　种植穴开挖

(二)种植穴的开挖方法

种植穴的开挖方法主要包括人工挖掘和挖掘机挖掘两种。

1.人工挖掘

主要用锹、十字镐等工具。通常以定点标记为圆心,以规定的穴径为直径垂直向下直挖到规定的深度,然后将穴底刨松、拂平。

2.挖掘机挖掘

当挖穴量较大或者穴径较大、较深时,可选用挖掘机挖穴(图 4-9)。操作时,注意一定要对准点位,穴形正确,挖至规定深度,最后人工辅助修整穴内面及穴底。

图 4-9　挖掘机挖掘树穴

三、起苗

起苗前,如果发现苗木生长处的土壤过于干燥,出于保护根系和便于挖掘等考虑,通常应提前 2～3 天先浇水湿润;反之土壤过湿则应设法排水。土壤的干湿程度以利于保留护心土和易于挖出结实的土球为原则。对于一些侧枝低矮和冠丛较为庞大的苗木,为便于操作,应先用草绳将树冠捆拢,但应注意松紧适度,不要损伤枝叶。

起苗的方法主要有裸根和带土球两种方法。

1.带土球挖掘

将苗木的根部带土挖掘成球状,经包装后起出,称为带土球挖掘。由于在土球范围内根部不受损伤,须根保留相对较好,并保留一部分已适应原生长特性的土壤,同时减少了移植过程中的水分损失,对恢复苗木的生长有利。但由于土球较为笨重,投入成本加大,操作复杂度提高。常绿树苗木应当带有完整的根团土球,土球散落后苗木的成活率和生长势均会受到影响;一般的落叶树苗木也应带有土球。

带土球挖掘时,土球规格要符合规范要求。乔木土球直径一般为苗木胸径的 8～10 倍,土球高度应为土球直径的 2/3 左右,土球底部直径为土球直径的 1/3 左右;灌木土球直径为其蓬径的 1/3 左右,高度为土球直径的 2/3 左右。在挖掘过程中若碰到较为粗壮的根系,宜用电锯切断(图 4-10),以免扰动土球。

图 4-10　电锯断根

土球形状一般挖掘为苹果形,要求土球完好,外表平整光滑。土球挖掘完毕以后,需用蒲包等物包严或用草绳捆扎牢固,称为"打包"(图 4-11、图 4-12)。打包之前应用水将蒲包、草绳浸泡湿润,以增强它们的弹力和韧性。

图 4-11　打包用草绳

图 4-12　打完包的土球

土球打包的方式主要有橘子式、井字式和五角星式等（图 4-13、图 4-14、图 4-15）。捆扎方法和草绳的围捆密度，主要依据土球大小和运输距离而定。土球大、运输距离远的，捆扎时应更加牢固、细密一些。土球打包的总体要求是包装严紧，草绳紧实不松脱，底部要封严，不能漏土。

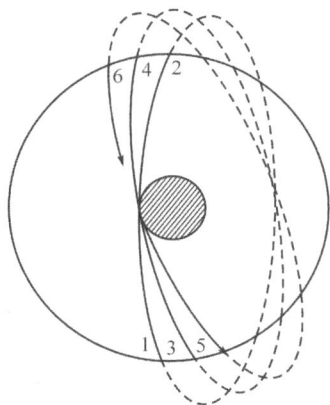 

图 4-13 橘子式

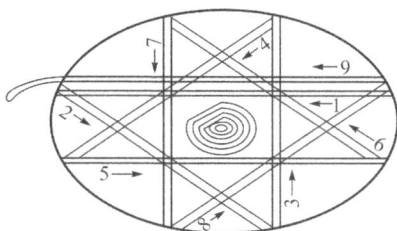 

图 4-14 井字式

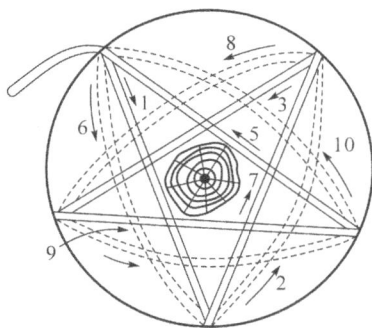 

图 4-15 五角星式

2.裸根挖掘

裸根挖掘适用于休眠状态的落叶乔、灌木以及易成活的乡土树种。根部由于裸露在外，因此容易失水干燥，且弱小的须根易损伤。树根恢复生长需较长时间，最好的掘苗时期应是春季根系刚刚活动、枝条萌芽之前。当地乡土树种也可秋季掘苗栽植。

落叶乔木的保留根系幅度应为胸径的8～10倍，落叶灌木可按苗木蓬径的1/3左右，注意尽量保留护心土。遇粗大树根用锯锯断，要保护大根不劈不裂，尽量多保留须根。

挖掘后如长途运输，根系应作保湿处理，如沾泥浆、沾保水剂等，也可用湿麻袋、塑料膜等进行适当包裹。苗木掘出后如一时不能运走，或到工地后不能立即栽植，应进行假植处理。若假植时间较长，应适量灌水保持土壤湿度。

四、运输

苗木运输也是影响植树成活的重要环节，苗木必须及时运输。实践证明，做到"随挖、随运、随种、随养护"，可以减少土球与根系在空气中的暴露时间，对苗木成活大有益处。在运苗装车前，应仔细核对苗木的品种、规格、数量、质量等，若发现问题则及时解决。运输吊装苗木的机具和车辆的工作吨位，必须满足苗木吊装、运输的需要，并应制订相应的安全操作措施。

1.装车

装运裸根苗时，其根部应在车厢前部，树梢朝后，顺序排列；车后厢板和枝干接触部位应铺垫蒲包等物，以防碰伤树皮（图4-16）；树梢不得拖地，必要时要用绳子围拢起来，可用蒲包或成把稻草垫在绳索和树干之间，以免损伤树皮；装车不要超高，压得不要太紧。如超高装苗，应设明显标志，并与交通管理部门进行协调；装完后用苫布将树根部位盖严并捆好，以防树根失水。

带土球苗装车时，可根据苗木高度和实际需要选择立装、斜放或平放，土球上不准站人和放置重物，其他要求同裸根苗装车要求（图4-17）。

图4-16　碰伤的主干　　　　　图4-17　苗木装车

2.运输

在运输途中要注意检查苦布是否有漏风,长途行车时最好还应洒水浸湿树根,休息时应选择阴凉处停车,防止苗木遭受风吹日晒。

3.卸车

卸车时要轻拿轻放,要从上向下按顺序拿取,不准乱抽,更不能直接将苗木推下(图4-18)。带土球苗要保证土球安全,要抱土球拿放,不准提拉树枝和树梢,以免土球碎裂。土球直径超过70cm以上时,应考虑使用起重机等机械装卸。

图 4-18 苗木卸车

五、假植

苗木栽植应科学合理地制定不同树种的种植顺序,按照合理的工程进度进行,在实际种植过程中要依据劳动力、机械等情况确定每天的苗木进场与种植数量,尽量做到苗木当天进场当天栽完。凡是苗木运到施工现场后,在几天以内不能按时栽种或是栽种后苗木有剩余的,都要进行假植。非植树季节栽植时,苗木必须当天栽完。

1.带土球苗的假植

应考虑选择不影响施工的地方,先将苗木树冠捆拢,使每一株苗木都是土球挨土球、树冠靠树冠,密集地集中在一起。然后,在土球表层铺设一层壤土,填满土球间的缝隙;再对树冠及土球均匀地洒水,使土面湿透,以后仅保持湿润就可以了。或者,可以把带着土球的苗木临时性地栽植到一块绿化用地上,土球埋入土中1/3～1/2深,株距则视苗木假植时间长短和土球、树冠的大小而定。苗木成行列式栽好后,浇水保持一定湿度即可。

2.裸根苗假植

一般采取挖沟假植方式。在栽植处附近选择合适地点挖假植沟,沟宽、沟深应适合根系大小,沟长度根据苗量而定。然后在沟中立排一行苗木,紧靠树根再挖一同样的横沟,

并用挖出来的潮湿的细土,将第一行树根埋严,如此循环直至将全部苗木假植完。根系一定要用湿土埋严,不透风,保证根系不失水。

不同的苗木假植时,最好按苗木种类、规格分区假植,以方便绿化施工。假植区的土壤不宜太泥泞、地面不能积水,周围边沿地带最好要挖沟排水。

六、散苗

将苗木按设计图要求散放于定植穴边称"散苗"(图4-19)。在操作时,要轻拿轻放,不要损伤树根、树皮和枝干。散苗人员应对苗木规格做统筹安排,已提前做好标识的苗木应按原有要求摆放,以便确保设计意图的实现。对有特殊要求的苗木,应按规定对号入座。

图4-19 散苗

七、栽植

栽植指将苗木放入穴内,然后填土、踩实固定的过程。在苗木栽植前,为提高成活率,同时促进树形的培养,往往需要对苗木进行适量的疏枝剪叶(图4-20),比如剪去枯枝、病虫枝以及在运输过程中受到损害的根、枝、叶,以减少水分蒸腾,促进苗木成活与生长。修剪直径2cm以上的枝条时,截口必须削平并涂防腐剂(图4-21)。

图4-20 苗木栽植前的疏枝剪叶

图4-21 截口涂刷防腐剂

1.裸根苗栽植

将苗放入穴中扶直,填入表土到穴深的1/2时,将苗木轻轻往上提起,使根颈部位与地表相平,此操作同时可让根系尽量自然地向下舒展,不卷根、不卧根。然后踩实土壤,继续填土到穴口处,再踩实或夯实一次,注意控制好栽植深度,裸根乔木一般应比原土痕深5~10cm,灌木一般应与原土痕齐平。最后在种植穴的外缘筑灌水土堰。

2.带土球苗栽植(图 4-22)

栽植前应度量种植穴和土球规格是否相适应(一般穴径比土球直径大 40~60cm),如有不妥,则应修整种植穴,不可盲目入穴。土球入穴后,通常应先在土球底部四周少量填土加以固定,扶直树干,剪开包装材料并尽量取出。填土至一半时,用木棍将土球四周夯实,再继续填土到穴口并夯实(注意不要砸碎土球),最后筑灌水土堰。

图 4-22 带土球苗栽植

八、养护

(一)立支柱

较大苗木为防止被风吹倒或浇水后发生倾斜,以及人流活动引起的损坏,一般应在栽植操作基本完毕后,在浇水以前立支柱。胸径 5cm 以上的苗木就可以考虑立支柱。立支柱时需要考虑到苗木所在点的风向,其支撑位置一般着重选择在栽植点的下风向。针叶常绿树的支撑高度应不低于树干主干的 2/3,落叶树的支撑高度应为树干主干高度的1/2。同规格、同树种的支撑物、牵拉物的长度、支撑角度、绑缚形式以及支撑材料宜统一。支柱材料要依据树种和树木规格而选用,既要实用也要注意美观,常见有毛竹、杉木、钢管等。支柱的常见形式主要有单支柱、双支柱、三支柱、四支柱等(图 4-23)。

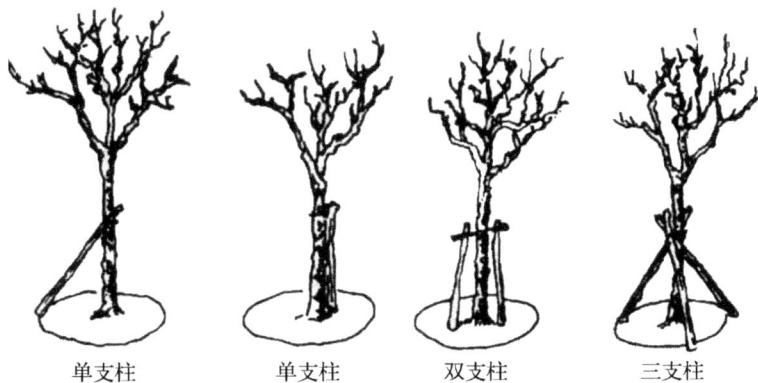

单支柱　　　　单支柱　　　　双支柱　　　　三支柱

图 4-23 常见立支柱形式

1.单支柱(图 4-24)

一般用固定的木棍或竹竿,斜立于下风方向,视具体情况深埋入土一定深度。为避免树干磨伤,并不影响到树干的增粗生长,应在支柱与树干之间填加松软的垫衬物,如蒲包等,绑扎时使支柱和树干之间适当留出一定空间,最后将两者捆紧。

2.双支柱(图 4-25)

用两根支柱立在树干两侧,垂直打入土中,支柱应与树干保持平齐。支柱顶部捆一粗实的横档,横档的中心位置与树干对齐,也称之为"扁担撑"。横档与树干之间要垫上隔垫以防擦伤树皮,然后用草绳将树干与横档捆紧。

图 4-24　单支柱

图 4-25　双支柱

3.三支柱(图 4-26)

将三根支柱组成三角形,将树干围在中间,支柱与树干之间填加松软的垫衬物以防树干磨伤,然后用草绳捆紧固定好。

4.四支柱(图 4-27)

先用四根支柱组成正方形在树干四周均匀分布开来,将树干围在中间,再使用 4 条横杆一一固定在支柱的中间,横杆与树干之间填加松软的垫衬物以防树干磨伤,然后用草绳捆紧固定好,也称之为"井字撑"。

图 4-26　三支柱

5.其他形式

如果是成片的新栽苗木,如刚竹林、水杉林等,可选择网状撑(图 4-28),也即成行成列绑扎支柱与苗木,最后形成类似于一个网格状的支撑。

图 4-27　四支柱

图 4-28　网状撑

（二）浇水

苗木种植后,应马上浇水,水是保证苗木成活的关键。栽后必须连浇三次水,水一定要浇透,这样不仅可以保证根区湿度,还有夯实栽植土壤的作用,从而使土壤填实,与树根结合更为紧密。

1.开堰

苗木栽好后,应先在种植穴边缘培起高 10～20cm 的灌水土堰。土堰内边应略大于树穴,应选细土用铁锹等工具拍实或用脚踩实,不得漏水。

2.浇水

苗木栽好后,应立即浇水,而且要浇透。定植后的第一次浇水称为头水。隔 2～3 天后浇第二次水,隔 7 天后再浇第三次水。之后,针对不同的天气情况和苗木特点,应考虑适量增减浇水次数。

3.扶正封堰

第一遍水浇好后的次日,应检查苗木有无歪倒,若有,则应将苗木及时扶正固定好。三遍水浇完并待水分渗入后,再用细土将土堰填平,封堰土堆应稍高于地面。

在上述工作完成后,还应注意观察,并继续做好后续的养护管理工作,包括对受伤枝条和栽前修剪不够理想枝条的复剪、病虫害的防治等。干旱季节种植树木时还应考虑采取根部喷洒生根激素、增加浇水次数、树冠喷洒抗蒸腾剂等措施。

第五节　大树移植及其技术要求

通过大树移植,可在较短时间内优化城市绿地植物配置和空间结构,及时满足重点或大型绿化工程的绿化美化要求,绿化景观形成时间短、见效快,可最大程度地发挥城市绿地的生态和景观效益,是现代城市园林布置和绿化建设中经常采用的重要手段和技术措施。近年来,随着绿地建设水平和树木栽培技术的提高,大树移植的应用范围也更为广泛,成功率也大大提高。

一、大树移植概述

(一)大树的界定

一般树体胸径在 15～20cm 以上,树高在 4～6m 以上,或树龄在 20 年以上的树木,在园林工程中均可称为大树。其中,落叶乔木胸径大于 20cm,常绿树胸径超过 15cm 称为大树。此外,定植多年的大灌木、藤本植物也可以称为大树。

(二)大树的来源

大树不仅来源于山林、苗圃,而且在已建成多年的绿地中也常有大树拥挤的现象发生,使人们不得不进行大树移植,以提高生态效益。在城市改建过程中,同样也有一些大树需要移植。

考虑到园林工程建设的需要以及苗木市场竞争的加剧,越来越多的苗木企业更加注重对各种规格苗木的培养。随着培育规模的扩大,越来越多的来自园林苗圃的大规格苗木被应用到了园林工程实践中。但需要注意的是,大树的选择更应考虑种植地的立地气候条件。

（三）大树移植的特点

大树移植是一项难度高、技术强、消耗大、涉及面广的综合性工程。大树移植后的成活率和生长势对整个园林工程有着很大的影响，可以说提高大树的成活率是园林工程的核心与关键，而大树移植的施工技术又是其重中之重，所以必须重视大树移植的施工。

1.移植成活困难

这主要包括以下几个方面因素：一是在移植过程中被损伤的根系恢复速度较慢；二是萌生新根能力差，移植后新根形成缓慢；三是因树体的水分输送难度加大，移植后根系水分吸收与树冠水分消耗之间的平衡失调，如不能采取有效措施，极易造成树体失水枯亡；四是大树移植土球较大，为确保土球的完整性，在起挖、搬运、栽植过程中技术要求提高。

2.移栽周期长

为有效保证大树移植的成活率，一般要求在移植前的一段时间就作必要的移植处理，从断根缩坨到起苗、运输、栽植以及后期的养护管理，移栽周期少则几个月，多则几年。

3.工程量大、费用高

由于树体规格大、移植技术要求高，在施工过程中往往还需要动用多种机械。而移植后又必须采用一些特殊的养护管理技术与措施，因此在人力、物力、财力上都是巨大的耗费。

4.绿化效果快速、显著

尽管大树移植有诸多困难，但如能科学规划、合理运用，则可在较短的时间内迅速显现绿化效果，较快发挥城市绿地的景观功能，故大树在现阶段城市绿地建设中的使用越来越多。

二、大树移植季节

大树移植一般选择在树液流动较为缓慢的时期进行，这时可减轻树体水分蒸发强度，有利于提高大树的移植成活率。大树移植在春季、秋季和冬季均可进行，但最佳移植时间是早春和落叶后至土壤封冻前的深秋，此时树体正好处于休眠状态，蒸腾作用弱，气温相对较低，有利于树木生长势的恢复（图 4-29）。大树最忌讳非正常季节移植。

图 4-29　春季移植大树生长恢复快

三、大树移植的技术要求

在大树移植前，首先应做好大树的修剪和
拢冠作业。修剪是大树移植成活的重要因素，一般以梳枝为主、短截为辅，修剪强度应根据大树种类、移植季节、挖掘方式、运输条件、种植地条件等各方面因素综合考虑而定。拢冠是为了便于吊装，同时防止枝干受损，应根据现场和树势情况选择掘苗前或落地后进行，如广玉兰、乐昌含笑、桂花、雪松等树冠较大的苗木都应进行拢冠（图4-30）。

图 4-30 拢冠吊装

大树移植有裸根移植和带土球移植两种方式。其中，裸根移植仅适用于落叶乔木，且当大树的原生长环境及土质不适合于挖掘土球时才可考虑。大树移植的主要移植程序、通用技术要求与一般苗木移植相近，但要特别注意以下几点：

（1）大树裸根移植的根系挖掘范围或带土球移植的土球直径应视实际需要放大一个规格，则种植穴直径也应相应放大，使土球与种植穴尺寸匹配（图4-31），如种植穴直径可根据根系或土球的直径加大 60～80cm，深度增加 20～30cm。如果移栽特大树或移栽地的土质比较差，种植穴就要适当加大、加深。

图 4-31 大树土球与种植穴的尺寸匹配

应及时运走挖出的弃土,而将所需回填的种植土和腐殖土放置于种植穴附近待用。种植土回填宜添加腐殖土,比例为 7∶3,混合均匀。种植时,原土球应高于地面 5～15cm,然后在土球上覆土。在雨水多、土壤黏重、排水不良的绿地应做好地下排水、降水工作。

(2)大树吊装(图 4-32)应当选用与大树规格相匹配的吊装和运输机械。大树移植作业中的掘苗、吊装及卸苗栽植场地的环境条件应能保证吊装运输机械车辆的安全操作和运行,遵守起重作业的各项安全规定。

图 4-32　大树吊装

(3)吊装大树时应采取保护措施,要注意保护大树主干免受损伤以及土球碎裂,应用专用吊带吊装。

(4)运输途中要及时做好大树根部的保湿工作,提高大树的移植成活率。

(5)大树入穴调整方向时,应注意综合考虑其主要观赏面和其原生态方向,栽植后应及时做好立柱支撑,以防斜歪(图 4-33)。

图 4-33　大树采用四支柱支撑

四、大树的养护管理

大树移植成功后，并不意味着栽种工作已经完成，还要对大树进行大量的必要养护，直到大树完全适应新的生长环境为止。大树移植中要保持水分代谢的平衡，同时要进行必要的养分供给。对于树根部分，要保持土壤的通气，良好的透气性对于根部的生长有重要促进作用。必须给大树及时补充生长所必需的养分，保证根系的再生，比如可以通过向大树输送营养液的方法来完成这项工作（图4-34）。

图4-34　正在输液的大树

在具体工程实践中，大树定植后应配备有关专业人员做好如修剪、喷雾、叶面施肥、浇水、排水、设置风障、搭设遮阴棚等一系列养护管理工作。

1. 包干

包干（图4-35）可以对大树起到一定的保温以及保湿作用。一般情况下，所选用的常见包干材料有草绳、蒲包、苔藓、麻布等，用来严密包裹树干和比较粗壮的分枝。

经包干处理后，一是可避免强光直射和干风吹袭，减少树干、树枝的水分蒸发；二是可贮存一定量的水分，使枝干经常保持湿润；三是可调节枝干温度，减少高温和低温对枝干的伤害。目前有些地方还会选用塑料薄膜包干，此法在树体休眠阶段效果较好，但在树体萌芽前应及

图4-35　大树包干

时撤换。因为塑料薄膜透气性能差，不利于被包裹枝干的呼吸作用，尤其是高温季节，内部热量难以及时散发会引起高温，灼伤枝干、嫩芽或隐芽，对树体造成伤害。

2. 喷水

树木移栽后根系破坏较为严重，对水分的吸收能力相应减弱，但树体地上部分尤其是叶面因蒸腾作用而造成树体大量水分散失，影响树木生长，因此有必要及时对树木进行喷水保湿。喷水要求细而均匀，喷及地上各个部位和周围空间，为树体提供湿润的小气候环境。也可采用高压水枪喷雾，或将供水管安装在树冠上方，根据树冠大小安装一个或若干个细孔喷头进行喷雾，这样效果较好但也较费工费料。

3. 土壤通气

保持土壤良好的透气性能有利于根系萌发。为此，一方面要做好中耕松土工作以防土壤板结；另一方面，要经常检查土壤通气设施，如通气管（图 4-36）等，发现通气设施堵塞或积水时要及时清除，以经常保持良好的通气性能。

图 4-36　大树根部通气管的安装

4. 夏季遮阳

在大树移栽初期或者高温干燥的夏季，阳光直射易造成树木的枯萎死亡，需要进行遮阳养护。在工程实践中，通常采取的方式是搭设遮阴棚（图 4-37）或者根据具体情况在树体上覆盖一定面积的遮阳网，避免阳光直射，以减少树体水分蒸发，降低棚内温度。

图 4-37　大树遮阴棚

5.冬季防冻(图 4-38)

在 11 月初左右,可考虑通过用草绳等材料将树干及大枝缠绕包裹来保暖。特别寒冷时,还可采用在大树根颈部位覆盖草木灰、松树皮(图 4-39)等办法避寒,尤其是南树北移的树种,更应格外注意,以防前功尽弃。

图 4-38　冬季养护

图 4-39　在根颈部位覆盖松树皮

6.病虫害防治

要及时观察和分析大树生长情况。坚持以防为主,根据树种特性和病虫害发生的发展规律,勤检查,一旦发生病虫害,要对症下药,及时防治。

7.施肥

根据大树生长的实际需要进行施肥,为大树的生长恢复创造良好的环境。大树移植初期,根系吸肥能力低,应采用根外追肥,比如可考虑在早晚或阴天进行叶面喷施;根系萌发后,可进行土壤施肥,要求薄肥勤施,谨防伤根。

复习思考题

1.常见的绿化工程有哪些类型?

2.简述绿化工程的功能。

3.简述规则式栽植定点放线方法。

4.简述网格法放样方法。

5.简述绿化栽植土壤的改良举措。

6.简述种植穴的挖掘要求。

7.简述土球打包方法。

8.简述立支柱的常见形式和材料。

9.简述大树移植的特点。

10.简述大树的养护特点。

实训项目三 "绿化工程施工放样"实训操作

［实训目的］

通过绿化工程施工放样现场实训操作,主要让学生进一步熟悉定点放线的基本做法,掌握几种放线作业做法等内容。

［实训要求］

按班级人数情况,一般 5 人为一组,以组为单位进行施工操作。要求在实训课期间当场完成,并做好施工过程记录。

［实训材料与设备］

经纬仪、皮尺、比例尺、量角器、小木桩、白灰等。

［实训场地］

学校园林工程综合实训基地或者校外紧密型校企合作企业的项目施工现场。

［实训内容］

每个小组根据自己设计并选定的植物种植设计详图,在识图并掌握该种植设计图纸放样要点的基础上,做好以下操作内容:

(1)每组分别按图开展植物定点放样操作,综合运用交会法、网格法及目测法等确定种植点位置,用白灰作标记(或钉木桩),并标出它的挖穴范围,符合施工质量规范和验收要求。

(2)每组做好本组施工全过程记录(包括文字、照片等),提交本组施工小结一份。

实训项目四 "园林绿化工程施工"实训操作

［实训目的］

通过开展园林绿化工程施工现场实训操作,主要让学生进一步掌握园林绿化工程施

工工艺及其方法的有关知识和要求,并通过现场实训操作来掌握相关的实践操作技能。

[实训要求]

按班级人数情况,一般 5 人为一组,以组为单位进行施工操作。要求在实训课期间当场完成,并做好施工过程记录。

[实训材料与设备]

有关苗木、铁锹、尖锹、修枝剪、草绳、筛子、水桶、胶皮管等。

[实训场地]

学校园林工程综合实训基地或者校外紧密型校企合作企业的项目施工现场。

[实训内容]

每个小组根据自己设计并选定的植物种植设计详图,在识图并掌握该种植设计图纸施工要点的基础上,做好以下操作内容:

(1)每组分别选取几株不同规格与类型的苗木开展挖穴、栽植、回土、筑土堰和浇水养护等操作,符合施工质量规范和验收要求。

(2)每组做好本组施工全过程记录(包括文字、照片等),提交本组施工小结并开展 PPT 报告,开展小组间交流学习。

第五章

园林水景工程施工技术

本章内容提要

  根据常见园林水景工程施工实际，本章全面阐述了自然式园林水景的施工、常见驳岸与护坡的施工；深入介绍了湖池工程的主要施工方法与要求、喷泉工程的主要施工内容。最后配以"园林水景工程施工"实训操作，希望加强理论学习的效果，提高学生的实践动手能力。

  水是生命的载体，也是人类心灵的向往。它可静观，可动赏；可铺底衬托，可独立成景；可寂静平和，也可清脆悦耳；可声、色、光、影交融，也可一池碧波、一泓清溪、一束喷泉、一挂瀑布，都能使静观瞬间生色增辉，引人注目。水的可赏性包含了环境景观所要求的全部内涵。

  随着城市的发展与环境艺术的繁荣，现代城市水景艺术已不单纯是传统的"水自然形态"的再现，人们已经认识到现代城市水景不再仅仅考虑一池一塘的问题，而要更多地考虑到景观可持续性发展的要求，要更好、更密切地与现代建筑艺术、城市雕塑艺术、建筑装潢材料、现代灯光配置技术和高科技控制技术结合，以使水景部分更加充分地发挥补充、点题、烘托、美化等作用。现代城市水景的表现形式已大大超出了传统水景的范围，更多地与现代城市的发展节奏、人的思想意识、当代艺术的发展特点密切相关，已不能拘泥于固有的传统形式，需要更多地注入现代艺术的特质，使其具有较为完善的现代城市的环境空间特征。水景艺术已广泛地应用于广场、社区、庭院、商场等城市各个场所。

第一节　自然式园林水景施工

中国古典园林中讲的掇山理水是中国自然山水园的主要手法,其中理水就是水景的营造,有"水为园林之魂"之说。中国传统的自然式园林水景多以湖、池等形式存在。而在现代园林设计中,自然式园林水景的营造则应根据整个园林景观的格局以及水体本身在园林中的作用,灵活地加以运用,充分发挥水的生态和景观特性,努力创造出一个亮丽、清爽和富有变化的自然式园林水体景观。在具体工程实践中,自然式园林水景的最大特点就是给人以较高的自然生态景观之美感,所选用的驳岸大都是块石干砌驳岸、松木桩驳岸等各种生态式驳岸,形式多样,因模仿自然岸线而具有"可渗透性"特点,同时具有符合工程要求的稳定性和强度。结合水体、驳岸而设计种植的水湿生植物则是更好发挥自然式园林水景景观美和生态美的重要因素(图 5-1)。

图 5-1　自然式园林水景

在园林工程施工中,重视水体的造景作用,处理好园林植物与水体的景观关系,不但可以营造出引人入胜的景观,而且能够体现出真善美的风姿。在营造自然式园林水景的过程中,水湿生植物在空间上、密度上、高低上的合理布置,都能达到不同的艺术效果。不管是静态还是动态水景,各类水景的营造都离不开用各类园林植物来创造意境,特别是水湿生植物的良好配置。无论水体面积是大还是小,水体驳岸的植物配置要根据土岸、石岸、混凝土岸等不同的驳岸类型,按照既能使山和水融为一体,又对水面的空间景观起着主导作用的原则进行。土岸边的植物配置,应结合地形、道路、岸线布局,有近有远,有疏有密,有断有续,弯弯曲曲,自然成趣,切忌沿边线等距离种植,应灵活多变,避免单调古板的行道树形式。石岸线条生硬、枯燥,植物配置原则是露美遮丑,使之柔软多变,可配置枝条细长柔和、下垂至水面的植物来遮挡石岸,同时配以花灌木和藤本植物,如云南黄馨、金钟花等来进行局部遮挡。

水湿生植物的配置之所以需要有疏有密,是为了在景观之处留出透景线,但是水边的透视景与园路的透视景有所不同,它的景并不限于某一个点,而是一个景面。故可选用高大乔木宽株距种植,用树冠来形成透景面;也可通过营造丰富的立体绿化层次,使林冠天际线与周围的环境相协调,形成各种夹景、框景、透景来美化水体景观。水湿生植物的配置还要注意季相色彩,园林植物会因春夏秋冬四季的气候变化而有不同的形态与色彩,倒映于水中,则可产生十分丰富的季相水景。

自然式园林水景的选择和施工,既要满足水体岸线的稳定和强度要求,又要尽量减少驳岸对水陆生态关系的破坏,在满足景观需要的基础上为岸栖生物群落的生长恢复提供良好的栖息环境。

第二节　驳岸与护坡施工

园林中的各种水体需要有稳定、美观的岸线,并使陆地与水面之间保持一定的比例关系,防止出现诸如陆地被淹、水岸倒塌等不良现象,否则不但破坏原有的设计意图,而且影响生命与财产安全。因此,应在水体边缘修造驳岸或进行护坡处理。若处理得法,还可发挥较好的景观作用。

驳岸是一面临水的挡土墙,是支持陆地和防止岸壁坍塌的水工构筑物。同时,驳岸还可通过不同的形式处理,增加驳岸的变化,丰富水景的立面层次,增强景观的艺术效果。但这不但取决于驳岸与水面间的高差关系,还取决于驳岸的类型及用材的选择,溪、涧、池、湖等各种园林水体都有相应的不同驳岸。如图 5-2 所示

图 5-2　溪流驳岸

是溪流驳岸。如图 5-3 所示,驳岸总体上可分为水底以下部分、常水位至低水位部分、常水位与高水位之间部分和高水位以上部分。水底以下部分主要为驳岸基础,主要影响地基的强度。常水位至低水位部分是常年被淹部分,其主要承受湖水浸渗冻胀、剪力破坏和风浪淘刷等影响,有时因波浪淘刷,土壤被淘空后会导致坍塌等不良情形发生。常水位至高水位部分属周期性淹没部分,多受风浪拍击和周期性水浪冲刷,较易使水岸土壤遭冲刷而淤积水中,从而损坏岸线并影响景观。高水位以上部分是不被淹没部分,主要受风浪撞击和淘刷、日晒风化或超重荷载,因会致使下部坍塌而造成岸坡损坏。

此外,还有一种顺着水体的自然边坡而做成的驳岸,通常称之为护坡(图 5-4)。护坡

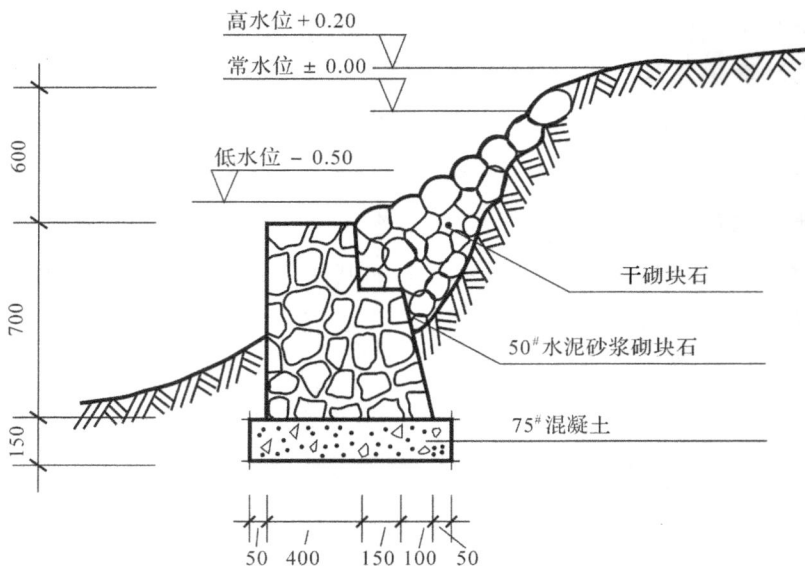

图 5-3 驳岸与水位变化

的主要功能是为了防止水体与陆地边缘处的泥土被水冲刷,其陡缓往往因造景的需要而定。作为水景重要组成部分的驳岸与护坡直接影响着园林水体景观,必须从实用、经济、美观方面综合考虑。

图 5-4 块石护坡

一、驳岸施工

(一)驳岸分类

1.驳岸形式

根据压顶材料的形态特征及应用方式,驳岸形式可分为规则式、自然式和混合式三种。

(1)规则式驳岸,岸线平直或呈几何线形,一般用整形的砖、石料或混凝土块压顶的驳岸属于规则式,如图5-5所示。规则式驳岸多属永久性的,通常要求较好的砌筑材料和较高的施工技术,具有简洁规整的特点,但相对欠缺变化,适宜于在周围为规整的建筑物或营造明快、严肃等氛围时应用。

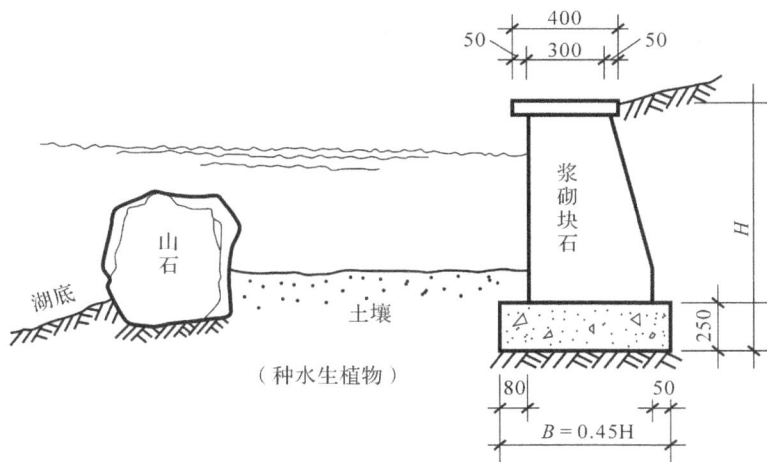

图 5-5　规则式驳岸

(2)自然式驳岸,是指岸线曲折多变,外观无固定形状或规格的驳岸处理形式。压顶常采用自然山石材料或仿生形式,如假山石驳岸(图5-6)、卵石驳岸、塑山石岸(图5-7)等。此类驳岸往往自然堆砌,景观效果较好,适宜于湖岸线曲折、迂回,周围是自然山体等,或营造自然幽静、闲适的气氛时应用。

(3)混合式驳岸,是规则式与自然式驳岸相结合的驳岸造型。一般根据周围环境特征和其他要求分段采用规则式或自然式驳岸,就整个水体而言就是混合式驳岸。某些大型水体,环境情况多变,如地形的平坦或起伏、建筑风格或布局的变化等。因此,不同地段可因地制宜选择相适宜的驳岸形式。

此外,根据驳岸的结构形式划分,驳岸形式还可分为重力式、后倾式、插板式、板桩式等。

2.常见驳岸类型

在具体工程实践中,墙身主材料及其压顶材料是反映驳岸造型要求和景观特点的关键。根据其用材和构造特点,目前常见的驳岸类型主要有假山石驳岸、卵石驳岸、条石驳岸、虎皮石驳岸、木桩驳岸和仿木桩驳岸等。

(1)假山石驳岸。墙身常用毛石、砖或混凝土砌筑,一般隐于常水位以下,岸顶布置自然山石,是最具园林特色的驳岸类型。

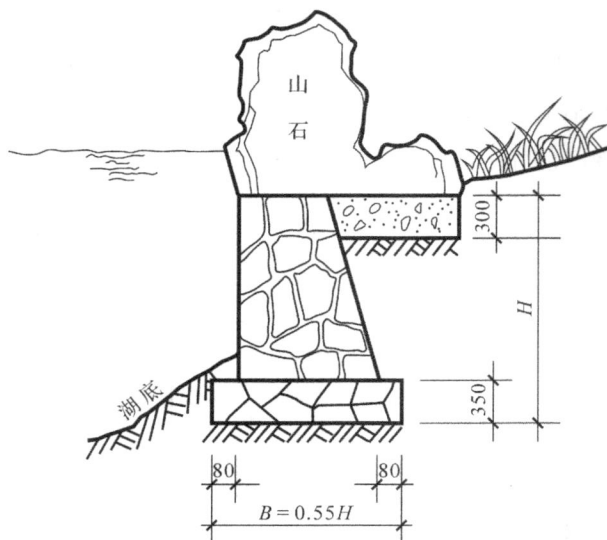

图 5-6 假山石驳岸

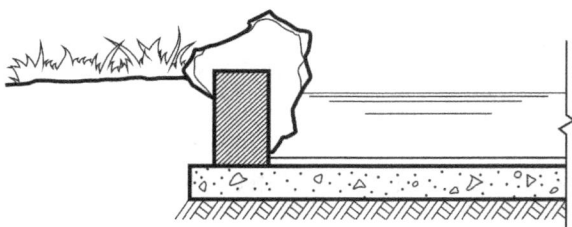

图 5-7 塑山石岸

（2）卵石驳岸。常水位以上用大卵石堆砌或将较小的卵石贴于混凝土上,风格朴素自然。

（3）条石驳岸。岸墙和压顶用整形花岗岩条石砌筑,坚固耐用、简洁大方,但造价较高。

（4）虎皮石驳岸。墙身用毛石砌成虎皮形式,砂浆缝宽 2～3cm,可用凸缝、平缝和凹缝,压顶多用整形块料。

（5）木桩驳岸。木桩驳岸是一种较为特殊的驳岸类型,木桩入土后,基础上部临水面墙身就由成排紧挨着的木桩所组成。木桩驳岸由于取材相对容易,施工简单,造价也不高,因而在一些风浪较小、岸壁要求不高、土壤较黏、有一定景观要求的水体周边得到了较好的应用。木桩驳岸与水体周边环境的统一性较强,整体表现也较好。

（二）各种形式驳岸的施工方法

通常水体岸坡受水冲刷的程度取决于水面的大小、水位高低、风速以及岸土的密实度等。当这些因素达到一定程度时，如果水体岸坡不做工程处理，岸坡将失去稳定性，从而造成破坏。因此，要沿着岸线设计驳岸以保证水体岸坡不受冲刷破坏。在园林水景工程中，由于这些不同形式的驳岸所采用的结构设计、材料等有着较大差异，因而也往往对应着不同的施工方法。在设计图纸中，如果驳岸的岸边材料或做法略作改变，那么有可能就生成了一种新形式的驳岸，实际施工方法也要求跟着做相应调整。

驳岸施工前，一般应放空湖水，以便于施工。新挖的湖池应在蓄水之前进行驳岸施工；属于城市排洪河道、蓄洪湖泊的水体，可分段围堵截留，排空作业现场围堰以内的水。选择枯水期施工，如枯水位距离施工现场较远，当然也就不必放空湖水再施工。驳岸采用灰土基础时，应以干旱季节施工为宜，否则会影响灰土的凝结。在具体实施前，首先应修整完善水体边缘并使其符合设计图纸中有关岸线走向等要求，然后再进行各种形式的驳岸施工。对于假山石驳岸、木桩驳岸等这些体现较高艺术性的生态驳岸，首先要保证其结构安全及使用功能，其次其装饰部分也要满足整个水体景观的艺术性要求。下面主要介绍浆砌块石驳岸、木桩驳岸、假山石驳岸三种常见驳岸的施工方法。

1. 浆砌块石驳岸的施工（图 5-8）

图 5-8　浆砌块石驳岸

该种驳岸的常见构造主要由基础、墙身和压顶三部分组成（图 5-9）。

基础是驳岸承重部分，通过它将上部重量传递给地基。因此，驳岸基础要求坚固，如果是松土、淤泥土、回填土则应进行加固处理。基础埋入湖底深度不得小于 50cm，基础宽度则应视土壤情况和驳岸整体承重而定。墙身处于基础与压顶之间，承受压力最大，包括垂直压力、水的水平压力及墙后土壤的侧压力。为此，墙身应具有一定的厚度，墙体高度要以最高水位和水面浪高来确定，岸顶应以贴近水面为好，以便于游人亲近水面，并显得蓄水丰盈饱满。但如果水体水位变化较大，即雨季水位很高，但平时水位又较低，为适应

压顶

墙身

基础

100 100 500　200 200 100 200 100 200

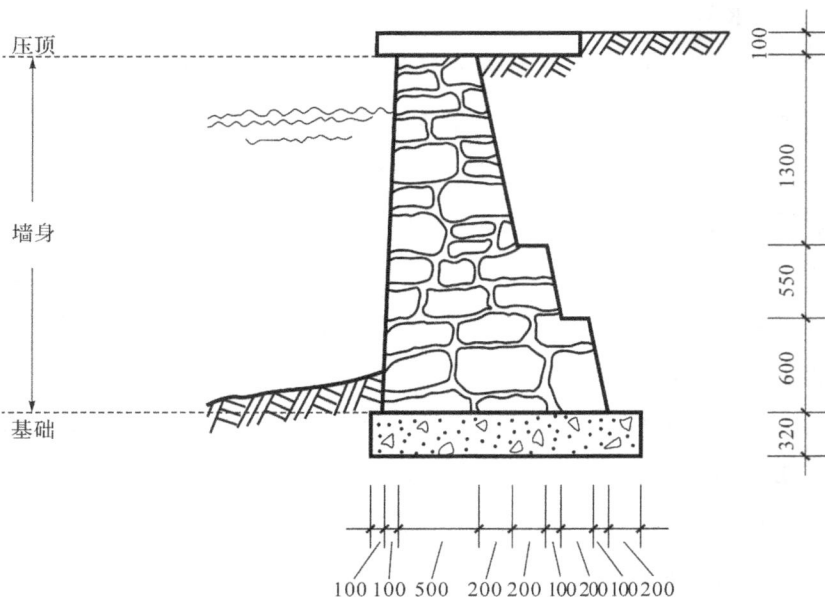

图 5-9　浆砌块石驳岸典型结构

这种变化,并使驳岸与周边环境更为和谐统一,可考虑将岸壁迎水面做成台阶状,以适应水位的升降。压顶为驳岸边最上部分,宽度一般为 30～50cm,通常用混凝土或大块石做成。其作用是增强驳岸稳定性,美化水岸线,阻止墙后土壤的流失。

砌筑时,所选用的块石材料总体上应质地坚硬、无风化剥落和裂纹,砌筑前应清除其表面泥垢等杂质,通常采用外侧干砌、不留浆、内侧浆砌的方法进行施工。块石采用交错组砌法,灰缝不规则,外观要求整齐。浆砌块石驳岸的施工主要包括以下程序:

(1)放线。依据设计图上水体常水位线确定驳岸的平面位置,并在基础两侧各加宽20cm 放线。

(2)挖槽。可根据需要采用机械或人工开挖,对需要放坡及支撑的地段,要按照规定放坡、加支撑,一般不宜在雨季进行。雨季施工宜分段、分片完成,施工期间若基槽内因降雨积水,应在水排干后挖除淤泥垫以好土。

(3)夯实地基。基槽开挖完成后应进行夯实,遇到松软土层时,需增铺 14～15cm 厚的一层灰土以加固。

(4)浇筑基础。块石混凝土基础施工时石块首先要垒紧,然后浇注 M15～M20 水泥砂浆。灌浆务必饱满,要渗满石间空隙。

(5)砌筑岸墙。浆砌块石岸墙的墙面应平整、美观,砌筑砂浆要饱满,并顺着块石的缝隙进行勾缝,要求勾缝严密。可以勾凸缝,也可以勾凹缝,缝宽 2～3cm,但需按设计图纸要求而定。

驳岸每隔 10～20m 设一道沉降缝兼伸缩缝,缝宽 2cm。缝内填沥青麻丝,填深约 15cm。驳岸墙体应每隔 10m 左右预留 1 个泄水孔,孔径为 12cm,泄水孔出口应高出水面 20cm 左右,便于排除墙后积水,保护墙体;也可考虑于墙后设置暗沟,填置沙石排除积水。

(6)砌筑压顶。施工方法应按设计要求和压顶方式确定,要精心处理好常水位以上部分,因为此部分是体现驳岸特色的关键部位,其巧妙与否直接影响到园林水景整体景观的良好成形。挡土墙的顶部宜选用较整齐的大块石,顶部按设计图纸要求砌筑花岗岩或其他装饰类的石块。

2.木桩驳岸的施工

木桩驳岸(图 5-10)在施工前,应首先对木桩进行处理。比如,木桩规格在按设计要求选定后,还需要按设计图纸图示尺寸将木桩的一头切削成锥状,便于将其打入河岸泥土中;或按河岸标高和水平面标高,计算出木桩长度,再进行截料、削尖(图 5-11)。

图 5-10 木桩驳岸的施工

图 5-11 木桩处理

木桩要求为耐腐、耐湿、坚固、无虫蛀的材料,如松木、杉木、柏木等。木桩在采购时要严格控制桩身质量,材质应良好。木桩在入土前,必须按设计要求进行木材的防腐处理,比如在入土的一端涂刷防腐剂,比如沥青(水柏油),或对整根木桩涂刷防火、防腐、防蛀

物质。

在施打木桩前,还应对原有河岸的边缘进行修整,挖去一些泥土,修整原有河岸的泥土,便于木桩的打入。如果原有的河岸边缘土质较松,可能会引起塌方,还应进行适当的加固处理。机械施打时,应注意控制提锤高度,先轻锤,后重锤,并视桩的入土情况逐渐加大冲击能量,直到桩的入土深度和贯入度都符合设计要求时为止(图 5-12)。

目前,园林水景工程中也常有仿木桩驳岸的应用。这其实是一种类似于木桩驳岸的施工方法,并且建成后如同木桩驳岸一样,可以以假乱真,达到近似的景观效果。

3.假山石驳岸的施工

假山石驳岸(图 5-13)是在块石驳岸完成后,在块石驳岸的岸顶面放置假山石,起到装饰作用。具体施工时不能照搬设计图纸,而应根据现场实际情况,根据整个水系的迂回曲折放置山石。

图 5-12 打桩   图 5-13 湖石驳岸

假山石驳岸的平面布置最忌成几何对称形状,对一般呈不同宽度的带状溪涧,其布置样式更应自然婉转。互为对岸的岸线要有争有让,少量峡谷则对峙相争,水面要有聚散变化,分割应不均匀,旷远、深远和近远要兼顾。假山石驳岸的断面要善于变化,应使其具有高低、宽窄、虚实和层次的变化,如高崖据岸、低岸贴水、直岸上下、礁石露水等。

二、护坡施工

护坡在园林工程中得到广泛应用,原因之一在于水体的自然缓坡能产生自然、亲水的良好效果。护坡主要是为了防止滑坡、减少地面水和风浪的冲刷,以保证岸坡的稳定。护坡方法的选择应根据坡岸用途、景观透视效果、水岸地质状况和水流冲刷程度而定。

目前常见的方法有铺石护坡、草皮护坡、编柳抛石护坡等。

1. 铺石护坡

在岸坡较陡、风浪较大的情况下或出于造景的需要，在园林中常使用铺石护坡（图 5-14）。铺石护坡由于其施工容易，抗冲刷能力较强，经久耐用，护岸效果好，还能因地造景，灵活随意，是园林中常见的护坡形式。

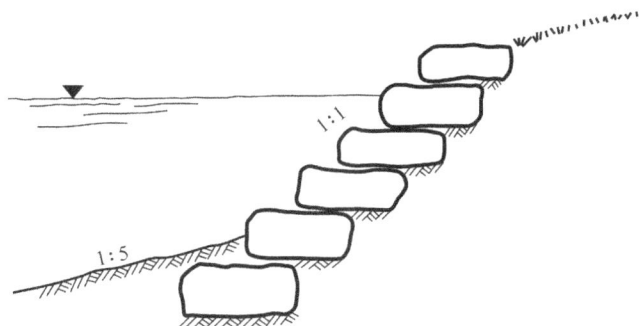

图 5-14　铺石护坡

护坡的石料，往往要求吸水率低、密度大、抗冻性好，最好选用石灰岩、沙岩和花岗岩等岩石。铺石护坡的坡面应根据水位和土壤情况而定。对于小水面，当护面高度在 1m 左右时，护坡的做法比较简单；当水面较大、坡面较高（一般高度在 2m 以上）时，则护坡要求较高。护坡不允许土壤从护面石下面流失，为此应做过滤层，并且护坡应预留排水孔，每隔 25m 左右做一伸缩缝。

铺石护坡的具体施工流程和要求如下：

第一，放线挖槽。按设计放出护坡的上、下边线。若岸坡地面坡度和标高不合设计要求，则需开挖基槽，槽沟宽约 40～50cm，深约 50～60cm，经平整后夯实；如果在水体土方施工时已整理出设计的坡面，则经简单平整后夯实即可。

第二，砌坡脚石、铺倒滤层。先砌坡脚石，其基础可用混凝土或碎石。大石块（或预制混凝土块）坡脚用 M5～M7.5 水泥砂浆砌筑，混凝土也可现浇。无论哪种方式的坡脚，关键是要保证其顶面的标高。铺倒滤层时，要注意摊铺厚度，一般下厚上薄，如从 20cm 逐渐过渡为 10cm。

第三，铺砌块石。由于是在坡面上施工，倒滤层碎料容易滑移而造成厚薄不匀，因此施工前应拉绳网控制，以便随时矫正。从坡脚处起，由下而上铺砌石块，石块要呈"品"字形排列，彼此贴紧。如有过于突出的棱角，则应用铁锤将其敲掉。铺后检查一下质量，即当人在铺石上行走时铺石是否移动。如果不移动，则施工质量符合要求。下一步再用碎石填满、垫平铺石缝隙，并将铺石夯实即可。

第四,勾缝。一般而言,块石干砌较为自然,石缝内还可长草。但为更好地防止冲刷、提高护坡的稳定性等,也可用 M7.5 水泥砂浆进行勾缝(凸缝或凹缝)。

2. 草皮护坡

当岸壁的坡角处在自然安息角以内,而水面上缓坡坡度在 1:20~1:5 间起伏变化时水面上部分可以用草皮护坡。护坡草种往往要求耐水湿、根系发达、生长快、生存力强,如假俭草、狗牙根等。护坡做法按坡面具体条件而定,目前采用直接在岸边播撒种子并用塑料薄膜覆盖,效果也很好。若要增加景观层次,丰富地貌,加强透视感,还可选择在草坡上散置数块山石,并配以适量花灌木(图 5-15、图 5-16、图 5-17)。

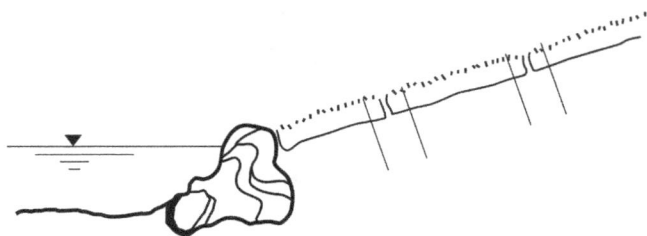

图 5-15　草皮护坡(一)

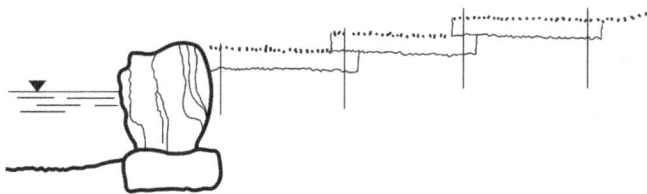

图 5-16　草皮护坡(二)

图 5-17　草皮护坡(三)

草皮护坡的施工要求和方法依据坡面具体条件而定,一般如下:

第一,采用直接在坡面上播撒草种的,应事先对河坡上的泥土进行处理,或铺筑一层易使草种建植成功的营养土,在播撒草种后加盖塑料薄膜。

第二,直接在坡面上铺块状或带状草皮的,施工时沿坡面自下而上呈网状铺草,并用木条或预制混凝土条分隔固定,稍加踩压。

第三,在河坡较陡时,可以考虑在草皮铺筑时采用诸如竹钉钉在草坡上,以防草皮下滑。在草皮养护一段时间后,草皮根系就会自然扎根泥中,也就完成了草皮护坡的建设。

用草皮护坡往往需要注意坡面的临水处理(图 5-18),有的做成水面直接与草皮坡面接触,有的则要在临水处先埋设大块石或大卵石,再沿坡植草。

图 5-18　草皮护坡的临水处理

3.编柳抛石护坡

编柳抛石护坡是指将块石抛置于用新截取的柳枝十字交叉编织而成的柳条筐格内的护坡方法。柳条发芽后便成为较好的护坡设施,富有自然野趣。往编柳空格内抛填厚 20～40cm 的块石,块石下设厚 10～20cm 的砾石层以利于排水和减少土壤流失。柳格平面尺寸一般为 1m×1m 或 0.3m×0.3m。

第三节　湖池工程施工

一、湖的施工

湖一般为大型开阔的静水面,但园林中的湖一般比自然界的湖泊小得多,基本上只是一个自然式的水池。但因其相对空间较大,常作为全园的构图中心。湖泊有天然湖和人工湖之分。人工湖是人工依地势就低挖凿而成的水域,沿境设景,自成天然图画,如现代公园中的人工大水面;天然湖则是自然的水域景观,如杭州西湖等。

湖的特点是水面宽阔平静,平远开朗,有适宜的湖岸线及周边的天际线。在具体工程实践中,应充分利用湖的特性,形成依山傍水、岸线曲折有致的水体景观(图 5-19)。园林

湖面忌"一览无余",可用岛、堤、桥、舫等形成阴阳、虚实、湖岛相间的空间分隔,给湖面以丰富的变化。同时,驳岸应有高低错落的变化,并使水位适当,给人以亲切之感。湖底施工实景如图5-20所示。

图 5-19　湖岸施工实景

图 5-20　湖底施工实景

人工湖的施工方法和有关要点如下:

(1)要按设计图纸要求做好定点放线工作。特别是在自然式人工湖中,湖岸线的处理要体现"线"形艺术,应有凹有凸,尽量自然。

(2)要科学合理地制定专项施工方案,特别注意计算土方量和土方平衡办法。

(3)湖底做法应因地制宜,结合基址情况及施工要求,可用灰土层湖底、聚乙烯薄膜防水层湖底和混凝土湖底等。其中灰土适合于大面积湖体,混凝土适合于小面积湖体。如图5-21所示是几种常见的湖底做法。

①灰土层湖底做法:当湖的基土为黄土时,可在湖底做40～45cm厚的3∶7灰土层,并每隔20m留一伸缩缝,如图5-21(a)所示。

②聚乙烯薄膜防水层湖底做法:当基土微漏时,可采用如图5-21(b)所示的结构。

③混凝土湖底做法:当水面不大,防漏要求又很高时,可以采用此种结构。采用此种结构的湖底,如其形状比较规整,则50m内可不做伸缩缝;如其形状变化较大,则应在其长度约20m且断面狭窄处做伸缩缝。图5-21(c)、(d)的说明可参照其他书籍。

二、水池的施工

水池(图5-22)是园林水景的重要表现形式,在各式绿地中均得到了广泛的应用,受到人们的普遍喜爱。园林景观水池通常由人工开挖而成,相对湖面而言,其水面小而精致,能较好地与各类建筑小品相组合,平面表现形式富于变化。水池多采用人工水源,有供水、溢水和泄水的要求,加上对防止渗漏的要求较高,其构造和施工技术也相对较为复杂。

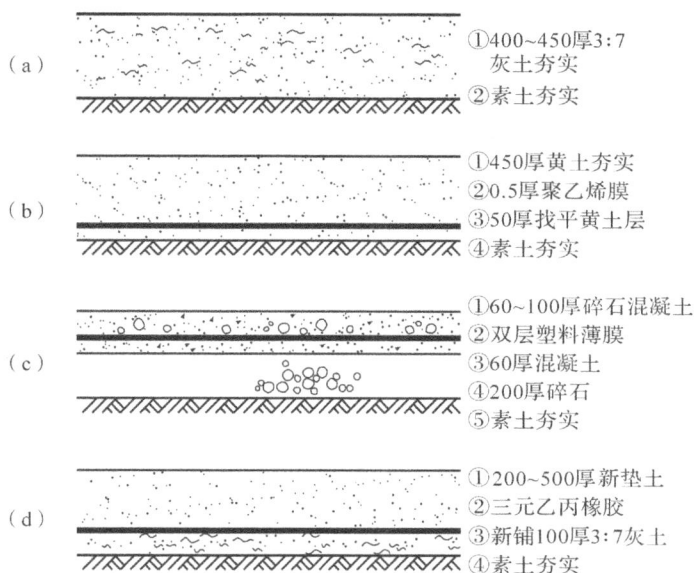

（a）
① 400~450厚3:7
　　灰土夯实
② 素土夯实

（b）
① 450厚黄土夯实
② 0.5厚聚乙烯膜
③ 50厚找平黄土层
④ 素土夯实

（c）
① 60~100厚碎石混凝土
② 双层塑料薄膜
③ 60厚混凝土
④ 200厚碎石
⑤ 素土夯实

（d）
① 200~500厚新垫土
② 三元乙丙橡胶
③ 新铺100厚3:7灰土
④ 素土夯实

图 5-21　常见的湖底做法

　　常用的水池材料主要可分为刚性材料和柔性材料两种。刚性材料以钢筋混凝土、砖、石等为主，而柔性材料则有各种改性橡胶防水卷材、高分子防水薄膜、膨润土复合防水垫等。刚性材料宜用于规则式水池，而柔性材料则用于自然式水池较好。

图 5-22　园林水池

　　水池按其结构形式不同，又主要可分为钢筋混凝土结构的水池、膨润土池底池壁的水池、砖砌结构的水池和自然式池底的水池等。其中，钢筋混凝土结构的水池是指池底和池壁都是用钢筋混凝土构筑的水池；膨润土水池是指水池开挖后，其底板或侧壁采用膨润土防水毯铺设而成（图 5-23、图 5-24）；自然式池底的水池是指在水池开挖后，对池底黏土进行夯实处理，或在池底铺筑一层优质熟土，即采用优质的黏性土，反复夯实，密实度达到 96% 以上，此种水池底的处理方法大多是应用在面积较大的水池中。当水池较小、池水较浅、池壁高度小于 1m 且对防水要求不是很高时，可采用砖砌结构，这类水池施工相对简便、造价较低；而当水池较大，或设于室内、屋顶等防水要求较高的地方时，最好选用如钢筋混凝土结构的水池，这类水池防水性能更好、结构更为稳固，同时使用期限也更长。

图 5-23　膨润土防水毯铺设(一)

图 5-24　膨润土防水毯铺设(二)

总体而言,水池施工通常包括"准备工作→定点放样→开挖基础→铺筑基层→水泥砂浆找平层→浇筑池底→浇筑池壁→防水工程卷材铺贴→面层处理→试水→收尾"等流程。在具体工程实践中,不同种类和构造的水池往往有着相应不同的施工方法,下面主要介绍以钢筋混凝土结构为代表的刚性材料水池的施工方法和要求。

(一)定点放样

按设计图纸要求测放出水池的位置、平面尺寸、池底标高等内容。其中,水池的外轮廓应包括池壁厚度。通常为使施工方便,应在水池外沿各边加宽 50cm,并用石灰标注好起挖线。平面形状为方形的水池,要注意校正其直角处的放线;圆形水池,往往应先定出水池的中心点,再用足够长的线绳以该点为圆心,以水池宽的一半为半径画圆,并用石灰标注清楚,即可放出圆形轮廓。

(二)开挖基础

水池基础的开挖方法可以根据水池规模和现场施工条件而定,通常有人工开挖、人工结合机械开挖等,但无论采取哪种方法,一定要注意考虑池底和池壁的厚度。如果是下沉式水池,还应做好池壁的保护,在挖至设计标高后,池底应整平并夯实。

水池基础在开挖过程中一定要提前考虑排水问题,比如采用基坑排水等,以保证施工顺利进行。为确保池底基土不受扰动破坏,机械开挖必须保留 200mm 厚度,之后由人工修整。需设置水生植物种植槽的,在放样时应明确,以防超挖而造成浪费;种植槽深度应视设计种植的水生植物特性而定。

(三)铺筑基层

在浇灌混凝土垫层前,应先检查基层土情况。一般硬土层上只需用 C10 混凝土找平约 100mm 厚,然后在找平层上浇筑刚性池底;如果是松土、淤泥土、回填土等,应先进行夯实处理,并铺筑一层 10～15cm 厚的碎石后再夯实。

（四）浇筑池底、池壁

按设计要求,用钢筋混凝土做结构主体的,必须先支模板,然后扎池底、池壁钢筋。已完成的钢筋严禁踩踏或堆压重物。浇捣混凝土需先池底、后池壁。如基底土质不均匀,为防止不均匀沉降造成水池开裂,可采用橡胶止水带分段浇捣;如水池面积过大,可能造成混凝土收缩裂缝的,则可采用后浇带法解决。

水池混凝土使用前应做好配合比试验,合格后方可使用。混凝土浇筑前,要充分做好机械的备用及劳动力的组织,备足水泥、沙、石等材料,做到道路通畅,并收集有关气象预测资料,备足雨具及做好防雨措施,保证施工顺利进行。

在混凝土浇筑过程中,应设计最佳配合比,采用掺合料,控制坍落度,从而提高混凝土强度;混凝土中通过掺入高效减水剂及粉煤灰等物质可增加混凝土密实度,同时通过选用合理的浇筑顺序和方法,从技术措施和质量两个方面加强振捣,以防漏振造成的蜂窝、孔洞等引起的漏水、渗水现象。

（五）面层处理

水池的面层处理主要是指池底、池壁和池顶的装饰(图 5-25),但在池底、池壁装饰前还应进行抹灰。然后,再铺贴面层,通常铺贴如陶瓷锦砖、鹅卵石等材料,也有水池是在钢筋混凝土池壁上铺贴花岗岩。面层处理应密实牢固,不得出现空鼓现象。

图 5-25　水池底的卵石铺设装饰

（六）水池试水

试水工作应在水池全部施工完成后才能进行。其主要目的是检验结构安全度,检查施工质量。试水时应先封闭管道孔,由池顶放水入池,一般分几次进水,根据具体情况,控制每次进水高度。从四周上下进行外观检查,做好记录,如无特殊情况,可持续灌水到储水设计标高,同时要做好沉降观察。

灌水到设计标高后,静置 1 天,进行外观检查,并做好水面高度标记。连续观察 7 天,外表面无渗漏及水位无明显降落方为合格。

(七)其他措施要求

在水池施工过程中,还要注意采取科学合理的水池抗浮措施,具体要求如下:

(1)计算水池上浮的临界高度。首先计算出水池自身(包括池壁和底板)的重量,再计算出每米积水对水池产生的浮力,两者的比值即为水池上浮的临界高度。当池外面的积水高度超过该临界高度时,水池将上浮。

(2)在整个施工期间,对基坑的排水不能停,要派专人负责监视水位情况,特别是下雨天,要及时增加水泵,加大排水量。降水工作一直要持续到回填土结束为止。

(3)当遇大雨或者其他特殊情况,如水泵不能及时有效地降低积水高度时,可采取将积水往池内灌放,以增加水池的抗浮能力。

第四节　喷泉施工

喷泉(图 5-26)是一种将水经过一定压力通过喷头喷洒出来而具有特定形状的组合体。其通过喷射优美的水花,形成独特的、可供人们观赏的水景,是园林重要的组成部分。现代园林中,喷泉也是重要的景观,它既是一种水景艺术,体现了动静结合,形成明朗活泼的气氛,给人以美的享受;同时,喷泉还可以增加空气中的负离子含量,起到净化空气、增加空气湿度、降低环境温度等作用,因此深受人们的喜爱。

图 5-26　室外景观喷泉

一、喷泉的类型

喷泉形式多样,特点明显,大体可以分为以下几种:

1.普通装饰性喷泉

由各种花形图案组成固定的喷水形态。

2.与雕塑结合的喷泉

喷泉与雕塑、小品等共同组成景观。

3.水雕塑

由人工、机械塑造出各种姿态的大型水柱,形成景观。

4.自控喷泉

利用电子技术,按照设计程序控制水、光、音、色等,从而形成奇异、变幻的景观。作为一种动态水景艺术,喷泉往往需要采用不同的控制方式,常见的有手控喷泉、音乐喷泉、特控喷泉(如定时、光电、感应、声响、风速等控制)等(图5-27、图5-28)。随着光、电、声及自动控制装置在喷泉上的应用,音乐喷泉、间歇喷泉等形式的出现,更加丰富了喷泉内容,更加丰富了人们在视觉、听觉上的双重感受。

图5-27　喷泉与灯光结合(一)

图5-28　喷泉与灯光结合(二)

5.其他类型

除了以上类型外,还有高喷泉、旱喷泉、叠泉、跑泉、跳泉等,还可以通过喷雾形成独特的水景(图5-29)。比如旱喷泉,其喷泉水池隐蔽在地下,而地面则照样可供通行、游乐,停喷后地面可作其他用途。

二、喷泉施工

喷泉的类型非常丰富,而池喷是应用最多的一种喷泉形式,它是以水池为依托,喷水可采用单喷或群喷,并可以与灯光和音乐结合起来,形成光控、音控喷泉。其结构主要由

图 5-29 各种形式的喷泉

喷水池、进水口、泄水口、溢水口、泵房（泵坑）、喷水循环系统以及喷泉照明设施等组成。下面着重介绍池喷的施工方法及有关要点。

（一）施工准备

1.熟悉图纸

首先要理解设计师的设计意图、表现的意境和突出的主题；其次要明确构成喷泉系统各设备、管道、配件等要素数量，安装标高及相互关系。

2.踏勘现场

对照现场情况进一步消化图纸技术要求，了解给排水接驳点位置、管径、标高及该地区水文情况。必要时还需提出设计疑问，请求设计修改或变更。

3.敲定施工方案

喷泉施工往往与土建、铺装、系统给排水施工同步或交叉进行，而且往往又受到相关工种进度的制约。所以拟订施工方案时，必须了解相关工种的进度并跟踪观察，主动协调，紧密配合，尤其是在管件预埋、预埋管道敷设阶段尤为重要。在施工中一般遵循预埋管件跟踪做，管道敷设按规范做，喷头管件按喷泉特点做的原则。

（二）主要施工内容

1. 喷水池施工

喷水池是喷泉的重要组成部分，在喷泉的结构组成和景观效果中均占有十分重要的地位。其本身不仅能起到独立成景、点缀、装饰、渲染环境的作用，而且能维持正常的水位以保证喷水。因此，可以说喷水池是集审美功能与实用功能于一体的动静（喷时动，停时静）相兼的人工水景。

根据水池构造材料的不同，喷水池的结构形式可分为砖砌结构喷水池、钢筋混凝土结构喷水池等。其一般由基础、防水层、池底、池壁、压顶五部分组成。具体施工方法与要求可参见园林水景工程中的水池施工。

2. 泵房施工

泵房是指安装水泵等提水设备的专用构筑物，其空间较小，结构比较简单。水泵是否需要修建专用的泵房应根据需要而定。在喷泉工程中，凡采用清水离心泵循环供水的都应设置泵房；凡采用潜水泵循环供水的均不设置泵房。泵房的形式根据泵房与地面的相对位置可分为地上式泵房、地下式泵房和半地下式泵房三种。

泵房的主要作用是保护水泵，避免其长期暴露在外因生锈等原因而影响运行；也可防止泥沙、杂物等侵入水泵，影响转动，缩短水泵使用寿命甚至损坏水泵。同时，设置泵房也是出于安全的需要，以利于管理。此外，由于喷泉造景需要，各种管线都应以各种形式掩饰起来。

为保证喷泉安全可靠地运行，泵房内各种管线应布置合理、调控有效、操作方便、易于管理。一般泵房管线系统布置如图 5-30 所示。

此外，泵房内还应设置供电及电气控制系统，保证水泵、灯具和音响的正常工作。

3. 喷水循环系统施工

循环系统是由水泵、管道、控制阀和各类喷头组成的最小运行单元。

（1）水泵。主要有潜水泵和陆用泵两类，其中潜水泵是就近布置在水池内，不设专用水泵房，一般有立式和卧式两种安装形式；陆用泵大多为离心式水泵，水泵布置在专用水泵房或水泵井内。

（2）喷头。喷泉喷头是完成喷泉艺术造型的主要工作部件，它的作用是把具有一定压力的水，经过各种不同造型的喷头，形成绚丽的水花并喷射在水面的上空。各种不同的喷头组合配置，更能创造出千姿百态的水景景观和艺术效果。喷泉喷头的种类很多，常采用的喷头种类有直射、旋转、蒲公英、喇叭花、扇形、雪松等（表 5-1）。

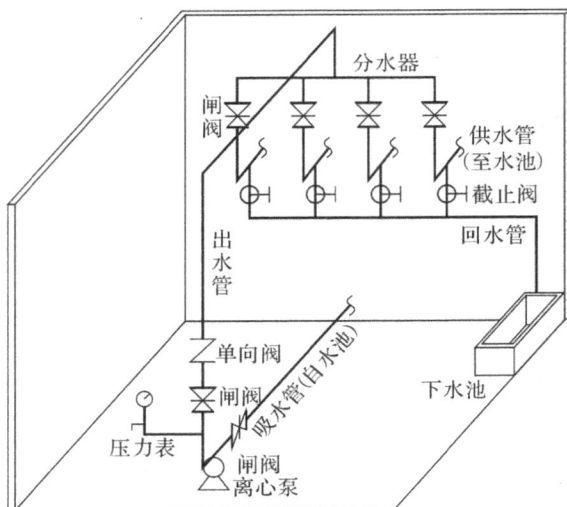

图 5-30 泵房管线系统示意

表 5-1 常见喷头形式及喷水形态

喷水形态	特 征	种 类	分类特征	采用喷头种类
射流	自圆形喷嘴喷出的细长透明水柱	直射	单喷嘴射流	直射喷头
		旋转	多喷嘴水平旋转射流	旋转喷头
		水轮	多喷嘴垂直旋转射流	水轮喷头
		集束	多喷嘴平行射流	集束喷头
		礼花	多喷嘴辐射射流	礼花喷头
膜流	自成膜喷头喷出的透明膜状水流	扇形	扇形膜状水流	扇形喷头
		半球	半球膜状水流	半球喷头
		喇叭	喇叭形膜状水流	喇叭喷头
掺气流	自掺气喷头喷出的气水混合水柱	雪松	粗壮高大的雪松状掺气水柱	雪松喷头
		涌泉	粗壮低矮的雪松状掺气水柱	涌泉喷头
		玉柱	细柱状掺气水柱	玉柱喷头
水雾	自成雾喷头喷出的气水混合水柱	粗雾	雾滴较大的普通雾状水流	粗雾喷头
		细雾	雾滴细微的普通雾状水流	细雾喷头
组合膜流	多个膜流组合在一起形成的水流	蒲公英	多个圆形膜状水流组成的球形或半球形水膜流	蒲公英喷头
波光跳泉	由圆形喷嘴成抛物线间断喷出的透明短水柱	跳泉	多个自圆形喷嘴成抛物线喷出的透明短水柱跳跃相接	跳泉喷头

根据设计要求和水型选择喷头。由于喷头的形式、结构、材料、外观以及工艺质量等对喷水景观具有较大的影响,因此制作喷头的材料一般要耐磨性好、不易锈蚀、不易变形,常用青铜或黄铜制作喷头。喷头安装除与管道牢固连接外,还需根据产品说明正确定位喷嘴口与水面的相对距离。

(3)管道敷设。管道材料由喷泉设计要求而定,常用材料有 PVC 管、PPR 管、PE 管、不锈钢管、镀锌水管、铜管等。为使喷泉获得等高的射流,喷泉配水管网多采用环形十字供水。不同材料有不同连接方法和技术要求,但敷设方法不外乎室内管道敷设和室外管道敷设两种。喷水池中管道穿过池壁的常见做法如图 5-31 所示。管道要根据实际情况布置,应注意其隐蔽性和装饰性。所有管道都要进行防腐处理,管道接头要严密,安装必须牢固。此外,需注意穿越池壁和池底的管道均应设止水环和防水套管,水池的沉降缝、伸缩缝等均应设止水带。管道安装完毕后,应认真检查并进行水压试验,保证管道安全,一切正常后再安装喷头。

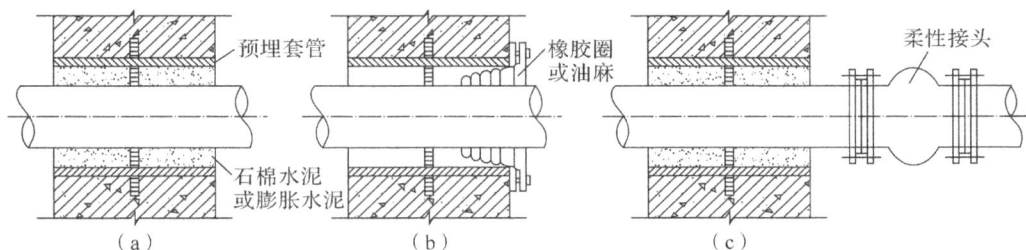

图 5-31　喷水池中管道穿过池壁常见做法

(4)阀门安装。水景工程中,阀门的主要作用是调节流量、控制水流方向和进行水景程序控制。常用阀门有球阀、止回阀、水下电磁阀、闸阀、蝶阀等。

(5)补给水系统。水景工程中,因风吹、蒸发、溢流排污、水池渗漏等原因会造成水量损失,需及时补水,因此在水池中应设补给水管。可根据喷水高度、水池防水等级、风速等因素考虑补水量大小。也可将补给水管与城市给水管连接,并在管上设浮球阀或液位继电器,以便随时补充池内损失的水量,保持水位稳定。

(6)溢、排水系统。溢水系统的作用主要是稳定水位,防止暴雨或补水系统意外损坏导致池水外溢;排水系统一般应在水池底部或泵坑内设置泄水口,用于检修和定期换水时的排水。

4.调试

调试前必须先清洗水池和注水。新建水池一般碱性偏高,对水泵寿命有影响,应先采

取除碱措施,运行初期也应缩短换水周期。测定各路电气设备绝缘性能和接地电阻,全部合格后调试人员方可下水调试。

复习思考题 _____

1.简述自然式园林水景的特点。

2.简述驳岸的概念。

3.简述驳岸的形式。

4.简述浆砌块石驳岸施工流程。

5.简述假山石驳岸施工要点。

6.简述驳岸工程的基本施工质量要求。

7.简述水池施工流程。

8.简述喷泉施工中喷水循环系统的组成。

实训项目五 "园林水景工程施工"实训操作

[实训目的]

通过开展园林水景工程施工现场实训操作,主要让学生进一步掌握园林水景驳岸施工、水池施工与养护等方面的相关知识与要点,并通过现场实训操作来掌握水池施工与养护方面的相关实践操作技能。

[实训要求]

按班级人数情况,一般5人为一组,以组为单位进行施工操作。要求在实训课期间当场完成,并做好施工过程记录。

[实训材料与设备]

手推车、十字镐、铁锹(尖头与平头)、钢钎、木耙等。

[实训场地]

学校园林工程综合实训基地或者校外紧密型校企合作企业的项目施工现场。

[实训内容]

每个小组根据自己设计并选定的自然式池底水池设计详图(平面图和断面图),在识

图并掌握该水池设计图纸施工要点的基础上,做好以下操作内容:

(1)每组先分别按一定比例将水池缩小后测设到实训场地,然后开展自然式池底水池的开挖、夯实、灌水等实训操作任务,符合施工质量规范和验收要求。

(2)每组做好本组施工全过程记录(包括文字、照片等),提交本组施工小结一份。

第六章

假山工程施工技术

本章内容提要

根据现代假山营造特点及实际施工需要,本章全面阐述了假山的功能和类型、假山石材料以及假山结构与施工过程。最后配以"假山工程施工"实训操作,希望加强理论学习的效果,提高学生的实践动手能力。

第一节 假山的功能和类型

中国园林追求的是自然式山水园林,在山水之间享受自然乐趣。对于山石,中华民族自古以来就有着特殊喜好。山景具有独特的观赏性,因此我国古典园林和现代园林中常设山景。人们也常把园林中人工创造的山称作"假山";但人们通常称呼的假山,实际包括假山和置石两部分。

假山(图 6-1),是以造景游览为主要目的,运用传统工艺,充分地结合其他多方面的功能作用,以土、石等材料,自然山水为蓝本并加以艺术的提炼和夸张,用人工再造的山水景物的通称。置石(图 6-2)是以山石为材料作独立性或附属性的造景布置,主要表现山石的个体美或局部的组合而不具备完整的山形。一般地说,假山的体量大而集中,可观可游,使人有置身于自然山林之感;而置石则主要以观赏为主,结合一些功能方面的作用,体较小而分散。假山的堆叠工艺流程与技术自成完整的体系,假山的堆叠在园林景观的设计与施工中往往较难以严密的图纸按一定尺寸来标注确定,艺术效果的表现多取决于巧于因势利导、艺术构思、娴熟的叠石技巧运用。

图 6-1　假山

图 6-2　置石

一、假山的功能

假山堆叠是我国一门古老的艺术,是园林建设中的重要组成部分。古人云:"石乃天地之骨,园之骨。"叠山置石是中国古典园林造园要素之一,无论是北方园林,还是江南园林,其作用都非常突出。在造园中,石、山是营造景观不可缺少的重要载体,而大自然的山水则是假山创作的艺术源泉和依据。真山虽好,却难得经常游览。假山布置在住宅附近,作为艺术作品,比真山更为概括、更为精炼,可寓以人的思想感情,使之有"片山有致,寸石生情"的魅力(图 6-3)。在有限的空间内,通过以写实、艺术、凝练、细腻的手法叠造出质感古朴的自然山林景观,艺术地表现秀美景色与深邃悠远的意境,营造出与自然亲和的优美环境,达到自然美和艺术美的高度统一。因此,假山必须力求不露人工痕迹,令人真假难辨。与中国传统山水画一脉相承的假山,贵在似真非真,虽假犹真,耐人寻味。陈从周教授就曾这样解释假山:"真山如假方奇,假山似真始妙。"

假山具有多方面的造景功能,如可以构成园林主景或地形骨架,划分和组织园林空间,布置庭院、驳岸、护坡、挡土,设置自然式花台等。以苏州古典园林为代表的江南园林,善于利用叠石堆山自然灵活的特点,通过障景、对景、框景,与水体结合迂回等多种手法,使空间更富有变化和情趣,使园景能达到小中见大、以少胜多,在有限的空间内获得丰富的景色,体现无限的创意。如拙政园原进门以黄石假山为障景,沿廊绕过假山才能观赏到园中主景远香堂及荷池,体现了观赏苏州园林"先抑后扬"的独特造园思想。此外,假山还可以与园林建筑、园路、场地和园林植物等各种园林要素组合成富于变化的景致,借以减少人工气氛,增添自然生趣,使园林建筑融汇到山水环境中。因此,假山成为表现中国自然山水园林的重要形式之一,其在中国园林中的运用可以如此广泛并不是偶然的。

图 6-3　留园中的冠云峰

二、假山的类型

假山，通俗地讲是指用人工堆叠起来的山，是由聚土到叠山逐步发展而成的。明代假山的主体，多半是用土堆成的，到清代则以石堆成为主，以土相辅，开始营造出以石山为主景的山水园。20 世纪 50 年代末至 60 年代初，是假山工艺技术传承、转折、出新、发展的重要时期；20 世纪 70 年代末至今，造园中人工假山的立意归位于模仿自然山水，推进了假山工艺技术的拓展。特别是近年来，随着景观需求多样化以及假山建造工艺水平的提高，新材料、新工艺的不断涌现，假山类型也越加丰富。

（1）按材料的不同，假山可分为土山、石山和土石相间的山。

（2）按施工方式的不同，假山可分为筑山、凿山和塑山等。

（3）按在园林中位置和用途的不同，假山可分为园山、厅山、楼山、阁山、池山、壁山等。而置石则可以根据造景的需要，形成特置、对置、散置和群置的效果（图 6-4、图 6-5、图 6-6、图 6-7）。

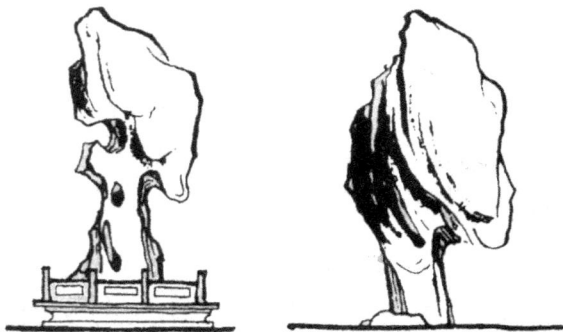

图 6-4　两种特置样式　　　　　　　　图 6-5　对置

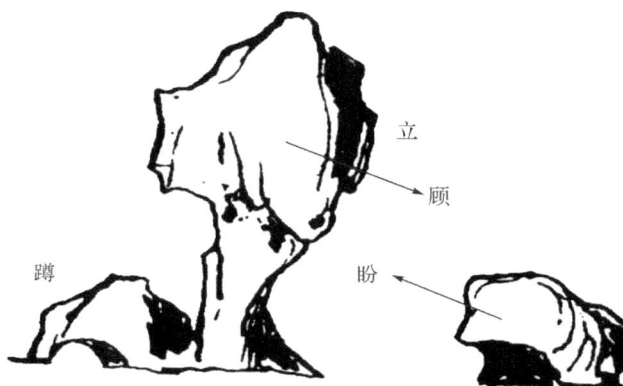

图 6-6　散置

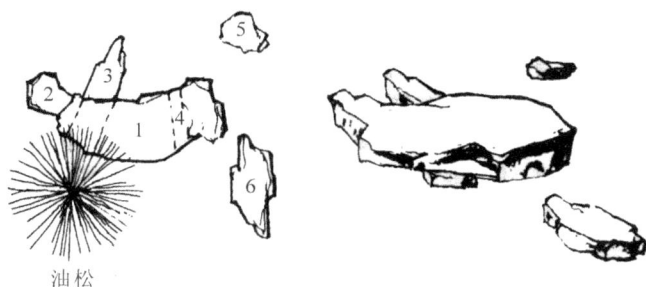

图 6-7　群置

现代园林假山的发展与古典园林假山不同,逐步呈现出多元化、综合化的趋势。古典假山受限于石材及施工技术条件等,在景观的创作方面有一定的局限性。但现代施工技术及人造石材料的发展逐渐使创造多变的、丰富的山石景观成为可能。特别是对于大规模、大体量石山的创作,可通过人造假山的方式予以实现,比如"塑石"。

第二节　山石材料

假山堆叠作为一种仿造自然山景的立体造景艺术,天然石材是其最主要的材料来源,因而石料的选用对于假山的质量至关重要。明代计成所著《园冶》中,对叠山的材料就根据其不同的产地、形态、色泽、性质等将山石归类为 15 种。了解了假山石材,就可以按叠山的目的、意境和艺术形象来斟酌采用何种山石。一般而言,如果要体现雄浑、豪放和磅礴之山,则当以黄石为材;如果要体现纤秀、轻盈和婉转之态,则以湖石类为宜。下面介绍

几种目前常用的山石材料(图 6-8)。

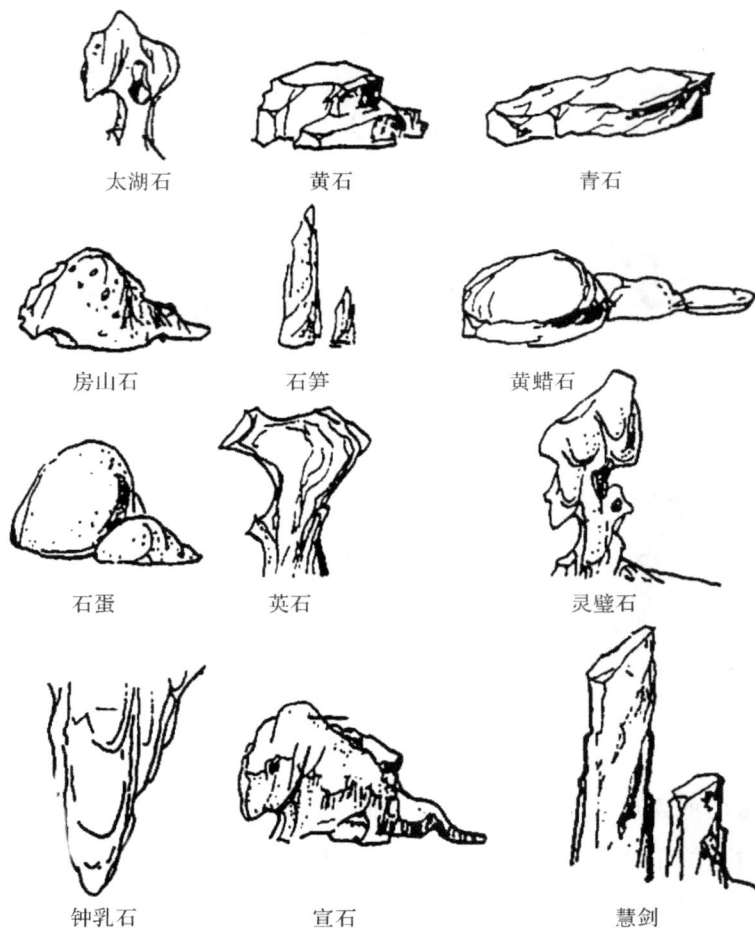

图 6-8　各类假山石材

（一）太湖石

太湖石原产于苏州洞庭山太湖边,这是在江南园林,特别是苏州园林中运用最为普遍的一种石材,久享"千古名石"之盛誉,为我国古代四大名石之一。苏州现存古典园林中的假山,多为湖石假山,在拙政园、留园、网师园中都有成功之作。由于长年受水浪冲击,形状奇特竣削,同时其纹理纵横,脉络显隐,石面上遍多坳坎,称为"弹子窝",扣之有微声,还很自然地形成沟、缝、窝、穴、洞、环。有时窝洞相套,玲珑剔透,蔚为奇观,犹如天然的雕塑品,观赏价值比较高。此石水中和土中皆有所产,自古就颇受造园家青睐。太湖石大多是从整体岩层中选择采出来的,因而其靠山面必有人工采凿的痕迹。与太湖石相近的,还有宜兴石、南京附近出产的龙潭石和青龙山石等。

太湖石石质坚硬,多为青灰色,亦有白、青、灰白、黑青色的。它集"瘦、透、漏、皱、丑"于一体,玲珑剔透,象形状物,神形兼备,千姿百态。大、中型者,可做成假山或单置于园林中观赏,并可精选其中形体险怪、嵌空穿眼者作为特置石峰;小型者,可供案头摆设,或具象,或抽象,令人遐思无穷。

(二)房山石

房山石产于北京房山大灰石一带山上,因而得名。新开采的房山石呈土红色、橘红色或更淡一些的土黄色,日久以后表面带些灰黑色。它质地坚硬,密度大,有一定韧性,不像太湖石那样脆。这种山石也具有太湖石的窝、沟、环、洞的变化,因此也有人称它们为北太湖石。它的特征除了颜色和太湖石有明显区别以外,还有表观密度比太湖石大,扣之无共鸣声,多密集的小孔穴而少有大洞等,因此其外观比较沉实、浑厚、雄壮。这与太湖石的外观轻巧、清秀、玲珑等特点是有明显差别的。

由于地理位置和石头自身特点,房山石在北方皇家园林中得到大量运用。它自身雄浑、厚重、敦实的特性与北方皇家园林庄重、造型雄浑、规模体量大相结合,形成了很好的园林景观效果。

(三)英石

英石原产于广东省英德市一带,亦是我国四大名石之一。岭南园林中常用英石掇山,也常见于几案石品。英石是石灰岩碎块被雨水淋溶或埋于土中被地下水溶蚀所生成的,质坚而特别脆,石质大多枯涩,以略带清润者为贵,用手指弹扣有较响的共鸣声。它通常是淡青灰色,有的间有白脉笼络。

英石可分白英、灰英和黑英三种,灰英居多而价低,白英和黑英均甚罕见,所以多用作特置或散点。英石轮廓变化大,常见窥孔石眼,玲珑婉转。石表褶皱深密,是山石中"皱"表现最为突出的一种,有蔗渣、巢状、大皱、小皱等形状,精巧多姿。石体一般正反面区别较明显,正面凹凸多变,背面平坦无奇。这种山石多为中、小形体,很少见有很大块的。因此,大块英石可作园林假山的构件,或单块树立或平卧成景;小块而俊俏者常被用以组合制作山水盆景;而英石的玲珑小块,质量特佳且有奇特的形象者,可作为案头摆设,甚有观赏价值。

(四)灵璧石

灵璧石原产于安徽省灵璧县。此石产于土中,岁久穴深数丈,石表为红泥渍满,须刮洗方显本色。石身黝黑光亮,多皱褶,富纹理,刷之则显清润,扣之铿然有声。石面有坳坎的变化,石形亦千变万化,但其眼少有宛转回折之势,须藉人工以全其美。

因此石声、形、质、色、纹诸美皆备，居中国四大名石之首，被清乾隆皇帝御封为"天下第一石"。这种山石可掇山石小品，更多的情况下作为盆景石玩。

（五）宣石

宣石主要产于安徽省宁国市一带。此石极其坚硬，石面常有明显棱角，皱纹细腻且多变化，线条较直。石色洁白，其色犹如积雪覆于灰色石上，同时也由于为红土积渍，因此又带些赤黄色，需经刷洗才见其质，愈旧愈白，具有特殊的观赏价值。由于它有积雪一般的外貌，扬州个园用它作为冬山的材料，效果较好。

（六）黄石

黄石产地很多，如苏州、常州、镇江等地皆有所产。这是一种带橙黄色的细沙岩，色分暗红、褐色、微褐黄几种，以其黄色而得名，通俗称为黄石。此石形体棱角分明，质坚不入斧，雄浑沉实、拙重顽夯，可依纹理敲开。与湖石相比，黄石又别具一番景象，平正大方，立体感强，块钝而棱锐，具有强烈的光影效果。黄石假山在造景上具有独到的风格与特色，同时黄石假山景观透出的古拙雄浑石韵与现代城市环境布置比较融合，比较适宜在户外开阔的空间配景，具有良好的发展空间。上海豫园的大假山和扬州个园的秋山均为黄石掇成的佳品。

黄石在江南一带分布较多，资源丰富，而且产地石价不到湖石的 1/2，性价比较高。随着太湖石资源的枯竭，黄石将会是当今和今后一段时期内用作叠山理水的主要石材并加以推广。

（七）青石

青石属于水成岩中呈青灰色的细沙岩，质地纯净而少杂质。青石的节理面不像黄石那样规整，不一定是相互垂直的纹理，也有交叉互织的斜纹。由于是沉积而成的岩石，石内就有一些水平层理，而且水平层理的间隔一般不大，就形体而言多呈片状，故又有"青云片"之称。

（八）石笋

石笋为外形修长如竹笋的一类山石的总称，颜色多为淡灰绿色、土红灰色或灰黑色，质重而脆。这类山石产地颇广，石皆卧于山土中，采出后直立地上即为石笋，顺其纹理可竖向劈分。石柱中含有白色的小砾石，如白果般大小；石笋石面上还常有不规则的裂纹。

石笋在园林中常作独立小景布置，如个园的春山等。常见石笋又可分为白果笋、乌炭笋、慧剑等几种。

（九）其他石品

（1）石蛋。石蛋即大卵石，产于河床之中，经流水的冲击和相互摩擦磨去棱角而成。大卵石的石质主要有花岗岩、沙岩及各种质地，颜色有白、红、黄、蓝、绿等各色。这类石材多用作园林的配景小品，如路边、草坪、水池旁等的石桌石凳等。

（2）黄蜡石。黄蜡石是具有蜡质光泽的墩状块石，也有呈条状的。其产地主要分布在我国南方各地。此类石材以石形变化大而无破损、无灰沙，表面滑若凝脂、石质晶莹润泽者为上品。一般也多用作庭园石景小品，将墩、条配合使用，成为更富于变化的组合景观。

（3）钟乳石。钟乳石多为乳白色、乳黄色等。质优者洁白如玉，作石景珍品；质色稍差者可作假山。钟乳石石质坚硬，石形变化大，肌理丰腴，用水泥砂浆堆砌假山时附着力较强，山石结合牢固。钟乳石广泛出产于我国南方和西南地区。

第三节　假山结构与施工过程

假山施工往往具有再创造的特点。在大中型假山工程施工中，既要根据假山设计图纸进行定点放线，以便控制假山各部分的立面形象及尺寸关系，又要根据所选用石材的形状、大小、颜色、褶皱等特点以及相邻、相对位置石材的局部和整体感官效果而定，从而得以在细部的造型和技术处理上有所创造、有所发挥。

一、施工前准备工作

假山工程是一门涉及特殊造景技艺的工程，与建筑、力学、美学、机械吊装乃至光影艺术等多学科密切相关。

1.施工人员准备

我国传统叠山艺人通常具有较高的艺术修养，对自然界的山水风貌有着较为深刻的认识，同时具备丰富的施工经验，有的甚至还是叠山世家，世代相传。在目前假山工程施工中，通常由施工主持人、假山技工和普通工三类施工人员组成专门的假山施工队伍。其中，施工主持人应具备相应的施工经验和一定的艺术修养。假山施工人员的经验积累、对造园知识的了解和艺术修养，以及"因石导势"的施工技巧直接影响作品效果。

2.施工图纸准备

在设计过程中，由于假山工程自身的特殊性，其设计往往不可能一步到位，也不可能

如自然山体一样面面俱到,因此一般情况下都是只对山体的大致轮廓以及主要剖面进行表达(图 6-9)。

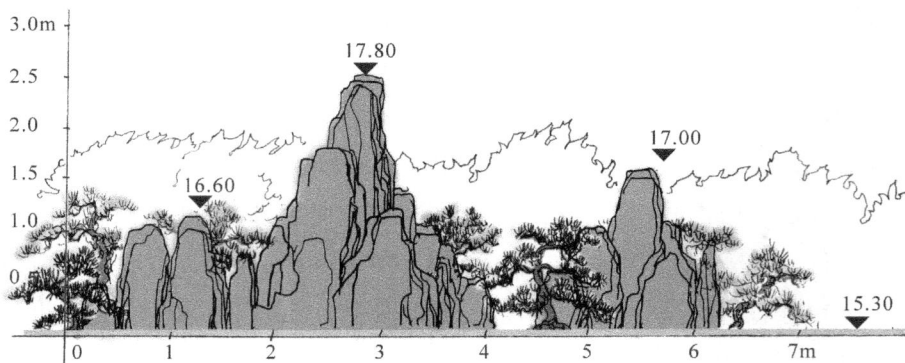

图 6-9　假山的立面表现图

正是由于假山堆叠在园林景观设计与施工中难以用严密的图纸按一定尺寸来标注确定,许多叠石造山施工一般也只凭类似扩初阶段的设计图或构思,没有非常明确的尺寸和结构做法。因此假山施工前,应由设计单位尽量提供完整的假山叠石工程施工图及必要的文字说明,并进行设计交底。施工人员必须熟悉设计,明确要求,必要时应根据需要制作一定比例的假山模型小样,对细节部分进行完善,对设计意图进行更加完整的理解,并经审定确认。

3.施工材料准备

根据设计构思和造景要求对山石的质地、纹路、石色等进行挑选,山石的大小、色泽应符合设计要求和叠山需要。山石在装运过程中(图 6-10),应轻装、轻卸,有特殊用途的山石要用草包、木板围绑保护,防止磕碰损坏。山石材料应在施工之前全部运进施工现场,并将形状最好的一个石面向着上方放置。山石材料在施工现场最好不要堆起来,而应平摊在施工场地周围待选用(图 6-11)。

同时,沙石等辅助材料也要在施工前全部运进施工现场堆放好。根据山石质地的软硬情况,还可准备适量的铁爬钉、铁扁担等施工消耗材料。

4.施工机具准备

根据施工条件和假山施工要求,还应逐一备好制作假山的有关工具和机械设备。其中,常用的假山制作工具包括铁锹、铁镐、撬棒、铁锤、铁板、灰浆桶、水桶、水管、抹子、笤帚等;常用的假山施工机械设备包括起重机、卷扬机、手拉铁葫芦、滑轮、钢丝绳、脚手板以及其他各种吊装设备等(图 6-12)。

图 6-10　石材的装运

图 6-11　石材的卸放

图 6-12　施工现场的起重机和挖掘机

二、假山分层结构及其施工程序

通常情况下,假山结构可总体分为基础层、中层和顶层。基础层是建造假山的基础;中层是假山造型的重要部分,也是观赏的主体部分,起到承上启下的作用;而顶层则是显示假山山势的重要部位。

(一)施工放线

在假山平面设计图上根据实际放样需要,可按如 2m×2m 或 5m×5m 等尺寸比例绘出方格网,并标出方格网的定位尺寸(图 6-13)。然后,按照设计图方格网及其定位关系,将方格网测设到施工场地。最后,用白灰将设计图中的山脚线在地面方格网中画出,把假山基底的平面形状(也就是山石的堆砌范围)画在地面上。在工程实践中,通常要求假山基础比假山的真实外形要适当放宽。在假山有较大幅度的外挑时,还要根据假山的重心位置来确定基础的大小,需要放宽的幅度会相应更大一些。

(二)挖槽

在施工放线的基础上,主要根据设计图纸要求、施工工艺要求和场地实际情况决定挖

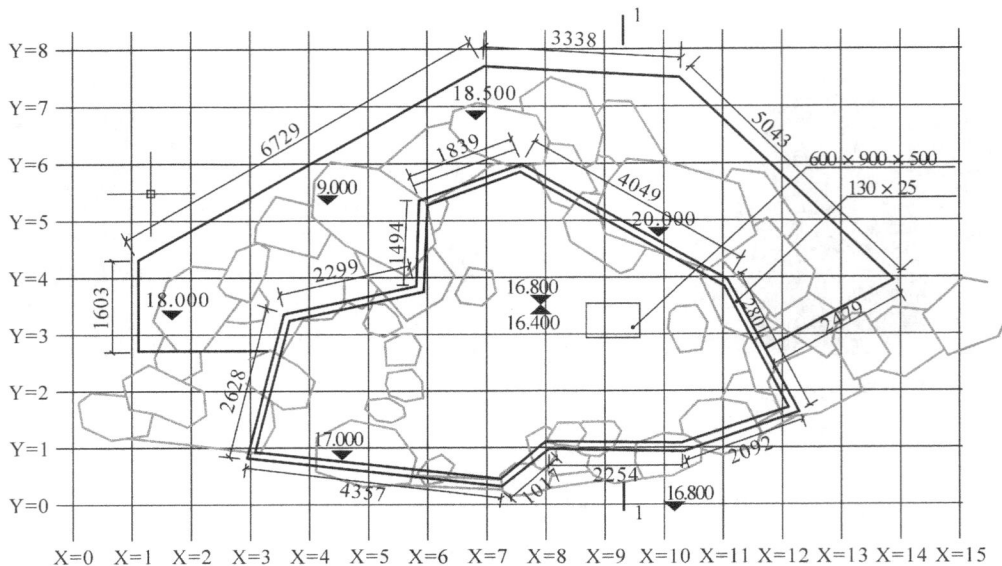

图 6-13　假山的方格网放样

槽的范围和深度。因假山堆叠在南北方有所差异,故北方一般满拉底,基础范围覆盖整个假山;南方一般沿假山外形及山洞位置设计基础。

(三)基础层施工

基础层是假山整体的基础,是假山堆筑的关键部分,其在美观和造型上没有要求。但由于基础层承受着整个假山的压力,因此在施工时必须保证基础层具有极强的抗压能力,且坚实牢固。假山的基础如同房屋的根基,是承重的结构。基础的承载能力是由地基的深浅、用材、施工等方面因素共同决定的。

1. 木桩基础(图 6-14)

以木桩作为假山基础是古代假山施工中常用的方法,到目前为止此施工方法仍然有使用价值。木桩一般用于水体假山或者驳岸等区域,材料一般选用杉木或者松木,按照梅花形进行排列。木桩顶面的直径约为10～15cm,桩边至桩边的距离约为 20cm。在施工中,打桩深度要保证将其打到硬土层,且顶端要高出水底十几或者几十厘米,使用块石嵌紧桩间空隙,并利用条石压顶,在条石上再进行假山建设。目前,混凝土桩的使用已较为普遍。

图 6-14　木桩基础

2.灰土基础(图 6-15)

北方园林中,位于陆地上的假山多采用灰土基础。灰土基础具有良好的凝固条件,而且凝固后防水性能优越,可以有效减少土壤的冻胀破坏。基础宽度应该较假山的底面宽出约 50cm,以确保假山的重力可以均匀传递到素土层。这种基础的材料主要是用石灰和素土按 3∶7 的比例混合而成。

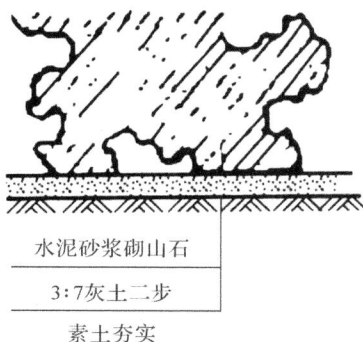

水泥砂浆砌山石

3∶7灰土二步

素土夯实

图 6-15　灰土基础

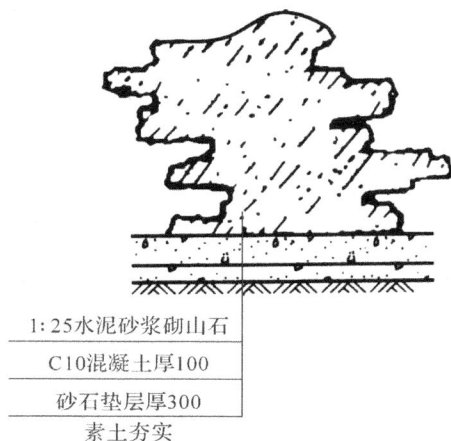

1∶25水泥砂浆砌山石

C10混凝土厚100

砂石垫层厚300

素土夯实

图 6-16　混凝土基础

3.混凝土基础(图 6-16)

混凝土基础是目前最常见的假山基础施工方法(图 6-17)。其优势在于耐压强度大,施工速度快,而且成本低廉,不过需要根据假山的高度、体积、质量等对混凝土进行合理选择。

图 6-17　混凝土基础上的假山施工

(四)拉底

拉底是指在基础上铺置最底层的自然山石,这是整个假山空间变化的立足点,是相当重要的。首先,假山底层的山石都在地面以下,只允许部分露出地面,所以假山底层的山

石没有形态上的具体要求,但是因为在假山底层所受压力很大,其强度必须要达到很高的标准。为了确保假山整体的稳定性,假山底层山石应该采用大块石料;安放的基石必须充分考虑假山整体的山势;必须确保主要观赏面的重点照顾和非重点观赏面的坚固;安放基石的过程应该尽量灵活运用石料,避免大小相同或者形态差异不大的石料排列在一起。其次,安放基石的顶面务必保持平整,尽量做到大面向上放置,下部通常采用坚硬碎石进行支护。最后,在整个拉底施工的过程中一定要保证整座假山有续有断、疏密适当和错落有致,特别是同一组的假山基石一定要牢靠坚固。

（五）中层

中层是假山结构中最重要的部分,所占体积最大,结构复杂多变,每一块石头都会影响假山的造型,同时中层的施工质量直接影响到假山整体的质量。中层石料在堆叠过程中要求交错压叠、凹凸有致、平稳连贯、虚实变化,使其满足假山的造型和结构要求（图 6-18、图 6-19）。

图 6-18　中层堆叠中的细致处理　　　　图 6-19　黄石假山的中层堆叠

因此,假山中层的施工要点除了底石所要求的平稳等方面以外,尚需做到以下几点:

1.接石压茬

石材叠砌时,上下衔接处应紧密压实。上下石相接时除了有意识地安排大块面闪进外,应尽量避免在下层山石的上面露出破碎的石面。北方的假山匠师认为,下层山石上露出破碎石面会使假山显现出人工痕迹,从而失去自然的氛围。但这也不是绝对的,有时为了使假山产生虚实的变化,会故意在假山上留下隙缝或者茬口,然后在进行上一层的叠压时,应选择三个以上正确的支点进行叠压,再用刹片对其进行刹紧封茬,使假山的山石形成风化节理。

2.偏侧错安

在堆叠假山石材时,不宜采用对称的形体,避免成四方形、长方形、正品形或等边、等角三角形。要掌握各个方向呈不规则的三角形变化,以便为向各个方向的延展创造基本的形体条件。在假山石材堆叠过程中,要掌握偏侧错安的技巧,使石材错落有致地堆叠起来,形成一种错综的美,使假山更接近真实的山,从而使假山给人们带来视觉上的享受。

3.仄立避闸

山石可立、可蹲、可卧,但不宜像闸门板一样仄立。仄立的山石很难和一般布置的山石相协调,而且往上接山石时接触面往往不够大,因此也影响稳定。若确实需要将山石做成闸门的造型,应对其进行适当的处理,使其能够与整体相融合。

4.等分平衡

在堆叠假山时,还应注意山体的平衡,避免其畸轻或是畸重,发生倾斜。若假山发生倾斜,不仅会影响假山的美观,还严重影响假山整体的稳固。特别是压掇到中层以后,平衡问题就会变得很突出。通常,如理悬崖必一层层地向外挑出,这样重心就前移了。因此,必须用数倍于"前沉"的重力稳压内侧,把前移的重心再拉回到假山的重心线上。

(六)洞体

假山山洞是园林景观中的一大亮点。大中型假山一般要有山洞,叠山洞是各种叠山技术的集中体现。山洞使假山幽深莫测,对于创造山景的幽静和深远境界是十分重要的。山洞壁、柱及单跨结顶结构如图 6-20 所示。

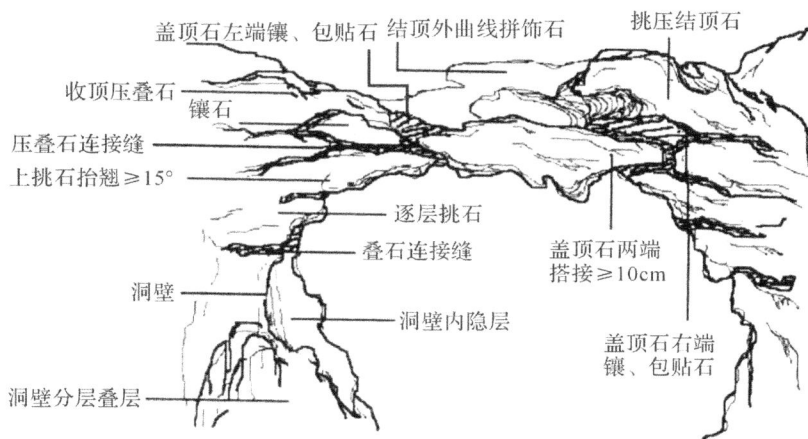

图 6-20　山洞壁、柱及单跨结顶结构示意图

山洞的堆叠中,除了要根据洞壁的结构特点和承重分布情况来决定洞壁的结构形式

外,还要充分考虑到洞顶的设计与施工形式。一般情况下,假山洞的洞顶结构通常都要比洞壁、洞底复杂一些。因此,施工中必须掌握基础稳固、足以承受上载重量,壁、柱、顶用石造型的挑选,石壁填充体需硬实,整体重心准确,内顶、内壁和石柱的镶石勾缝密实,在黏结材料、混凝土没有达到足够强度时不拆模或不拆支撑、支架以及严格遵守安全操作规程等要点。

（七）收顶

对假山最上层的峰石和轮廓进行布局称为结顶。山顶是显示假山山势以及神韵的主要部位,也是决定假山造型和重心的主要部位。山顶被认为是假山的魂,是假山整体中最主要的观赏区域,在施工时一定要加强技术手段和艺术手段的运用。假山的顶部轮廓要求丰富,且能够完美表现假山的特征。山顶一般有平顶、峦和峰三种类型,山头平坦的是平顶,山顶是圆的称为峦,山顶是尖的称为峰。

从结构上讲,收顶的山石要求体量大的,以便合凑收压。从外观上看,顶层的体量虽不如中层大,但有画龙点睛的作用,因此要选用轮廓和体态都富有特征的山石。观赏假山素有远看山顶,近看山脉的说法,山顶是决定叠山整体重心和造型的最主要部位。堆叠组合假山,掌握"形、纹、色、意"是基本要素,但成型的艺术效果如何,则在很大程度上取决于收顶。

三、山石结体的基本形式

堆叠假山除需了解基础力学知识、平衡稳定外,施工中还应掌握山石相互之间结合的基本形式和操作技法要领。假山石堆叠技法可以概括为十多种基本形式,这就是在假山师傅中流传的"字诀"。如北方的"十字诀",即安、连、接、斗、挎、拼、悬、剑、卡、垂,此外还有挑、飘、创等;南方的"九字诀",即叠、竖、垫、拼、挑、压、勾、挂、撑。其实,南北地区叠山的基本形式与技法基本原理是相通的,只是表述上有一些差异。这些山石结合工艺和操作技法都从自然山石景观中,经过长期实践积累归纳出来的。叠石掇山模仿自然,在运用技法时,应根据叠石造型和置石位置的不同需要而灵活应用,组合得当,方能达到"模仿真山,源于自然,高于自然的境界"。

（一）安（图6-21）

安是安置山石的总称,又具有架空的含义,突出"巧"和"形",在堆叠山洞口、水口、拼峰、结顶和石景小品时有所运用。放置一块山石叫作安一块山石,特别强调这块山石放下去要安稳,其中又分单安、双安和三安。双安指在两块不相连的山石上面安一块山石,下断上连,构成洞等变化;三安则是于三块石上安一石,使之形成一体。安石又强调要"巧安",即本来这些山石并不具备特殊的形体变化,而经过安石以后可以巧妙地组成富于石形变化的组合体,亦即《园冶》所谓"玲珑安巧"的含义。

单安　　　　　　双安　　　　　　三安

图 6-21　安

(二)连(图 6-22)

山石之间水平方向的衔接称为连。连要求是从假山的空间形象和组合单元来安排,要"知上连上",特别是相连山石在其连接处的茬口形状和石面褶皱要尽可能相互吻合,从而产生前后左右参差错落的变化,同时又符合褶皱分布的规律,能做到严丝合缝最为理想。连切忌石与石平直相连,应因石变化,按石的形态、方向、棱角、轮廓自然相连,符合叠山纹理、结构、层次的规律,达到连接自然、错落有致的效果。

相连山石的吻合,其目的不仅在于求得山石外观的整体性,更主要是为了在结构上浑然一体。茬口中的水泥砂浆一定要填塞饱满,接缝表面应随着石形变化而变化,要抹成平缝,以便于使山石完全连成整体。

图 6-22　连　　　　　　　　　　　　　图 6-23　接

(三)接(图 6-23)

山石之间竖向衔接称为接。接既要善于利用天然山石的茬口或断面,又要善于用镶石的方法拼补茬口不够吻合的部分。最好是上下茬口互相咬合或紧密连接,同时不因相接而破坏了石的美感。接石的操作要点是要对接牢固,纹理沟通,以致宛如一石,这就要

根据山体部位的主次而做相应结合,一般情况下是竖纹和竖纹相接,横纹和横纹相接。但有时也可以竖纹接横纹,形成相互间既有统一又有对比衬托的效果。

(四)斗(图 6-24)

斗是模仿自然岩石经水冲蚀成洞穴的一种造型。堆叠时通常取竖向造型石两边分置,或在两处姿态各异的山石上部用一块上凸下凹的山石压顶或作收头,构成如一种呈对顶架空状的造型,若自然岩石之环洞或下层崩落形成的孔洞。这是环透式假山最常用的叠石手法之一。

图 6-24 斗

图 6-25 挎

(五)挎(图 6-25)

挎一般是在堆叠主要观赏部位时,因选不到合适的造型石料而采用的一种补救措施。如在山石外轮廓形状单调而缺乏凹凸变化的情况下,可以在立石的肩部挎一块山石,犹如人挎包一样。挎石要充分利用茬口咬压、土层镇压以及上层叠压等方法来稳定,必要时可加钢丝绕定。钢丝要藏在石的凹纹中或用其他方法加以掩饰。

(六)拼(图 6-26)

在较大空间里,因石材太小而单独安置会感到零碎时,可以按照假山不同的组合造型要求,将数块乃至数十块山石拼成一整块有整体感的山石形象,这种做法称为拼。例如,在缺少完整石材的地方需要特置峰石,也可以采用拼峰的办法。因为在叠山中,单块山石点缀毕竟少数,即便是特置石峰的叠置也需要与基座相连,这种峰石与基座石的纹理对接也是拼。通过拼的形式使山石结合成整体,也可以说假山是拼叠起来的。拼石要注意区分主、次,山石的纹理、色泽应相同,脉络相通,轮廓吻合,连接面之间的平伏与转势要注意自然过渡。

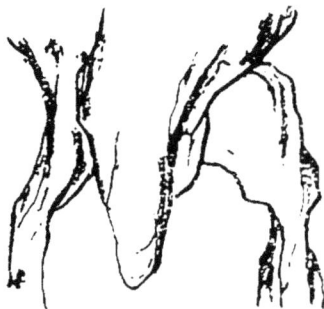

图 6-26　拼　　　　　　　　　　　图 6-27　悬

（七）悬（图 6-27）

在下面是环孔或山洞的情况下，使某山石从洞顶悬吊下来，这种叠石方法即为悬。悬石一般应选上端大、下端小，形似钟乳状的长条石，置于拱形收顶的中间，以竖向自上而下插入，两侧用石块夹垫稳定。由于上端被洞口扣住，下端便可倒悬当空，多用于湖石类的山石模仿自然钟乳石景观，能够很好地增加洞顶的变化。悬石一般置于洞顶的中部，或靠近内壁的顶部，不可悬挂在洞口，以显山洞幽深。

（八）剑（图 6-28）

这是以山石竖长、直立如剑的形象取胜的做法。剑的形象峭拔挺立，有刺破青天之势，既可渲染挺拔雄伟的石景气氛，又可作为小筑补景，取材多用各种石笋或其他竖长的山石。立剑应因境出景，因石制宜，既可以造成雄伟盎然的景象，也可以做成小巧秀丽的景象。整体布置应体现自然，剑石相互之间的布置状态应该多加变化，要大小有别，高低错落，避免过密或过单。而作为特置的剑石，其固定与立峰相似，插入地下部分必须有足够的长度以保证稳定。一般石笋或立剑都宜自成独立的画面，不宜混杂于他种山石之中，否则很不自然。就造型而言，在同一座假山上，采用剑法布置的峰石不宜过多，太多则显得如"刀山剑树"般，是假山造型应避免的。假山师傅立剑最忌"山、川、小"，即石形像这几个字那样对称排列就不会有好效果。

图 6-28　剑

（九）卡（图 6-29）

卡是指在两块山石空隙间卡住一块悬空石的做法。在自然界中，山上崩石被下面山石卡住的情形也非常多见。作卡的部位必须是左右两边的山石对峙，形成上大下小的楔

口,也可是等直空隙,再于楔口中插入上大下小的山石,这样便正好卡于楔口中而自稳。卡的做法一般适用于一些小型假山和多层山体的中层以上,若卡的位置过低,则较难达到自然逼真的效果;而在大型假山中,两悬臂之间卡置较大的自然造景石,可以起到独特的效果与视觉吸引力,但要注意做好稳固的固定处理,以防因年久风化而坠落伤人。承德避暑山庄烟雨楼侧的峭壁山,以"卡"做成峭壁山顶,结构稳定,外观自然。

图 6-29　卡　　　　　　　　　　　图 6-30　垂

(十)垂(图 6-30)

从一块山石顶面偏侧部位的楔口处,选用另一块纹理相同的山石倒垂下来的做法称垂。垂石的体量一般不宜大,仅用于一些特殊部位如山峰外曲线的补形、洞口置石等处,用垂石造成构图上的不平衡中的均衡感,往往能够造出一些险峻状态,因此多被用于立峰上部、悬崖顶上、假山洞口等处。垂石的安放要特别注意先稳固与之紧连的石块,垂石的重量不应大于连石,必须在水泥砂浆的黏结达到终凝后方可拆除支撑。

(十一)挑(图 6-31)

挑又称出挑,即上石借下石支撑而挑伸于下石之外侧,并用数倍重力镇压于石山内侧的做法,有横挑和竖挑之分。如果挑头轮廓线太单调,可以在上面接一块石头来弥补,这块石头称为飘。挑宜逐层进行,挑石每层约出挑相当于山石本身长度的 1/3,压叠石重量数倍于挑石,主要是出于对挑石上面站人荷重的充分估计。从现存园林作品来看,出挑最多的约有 2m 多。挑的要点是要善于巧安后坚,体现前悬浑厚、后坚藏隐的特点,感观和功能上达到其状可骇而万无一失。

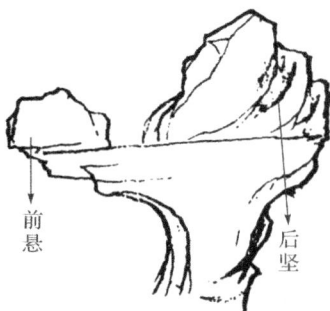

图 6-31 挑

图 6-32 撑

（十二）撑（图 6-32）

撑指用斜撑的力量来稳固山石的一种做法，也有称戗。作撑有以下几个特点：一是要选合适的支撑点；二是用石都不大，仅作为一些特殊置石的辅助加固或修饰，多见于一些小型组合拼峰；三是多适用于湖石风格的假山。加撑后，要使假山在外观上形成脉络相连的整体。扬州个园的夏山洞中，用撑以加固洞柱并有余脉之势，不但统一地解决了结构和景观的问题，而且利用支撑山石组成的透洞采光，很合乎自然之理。在实践中，黄石假山用撑并不合适，与横平竖直的叠山风格、架构和纹理不相符。

（十三）组

组即组石，是叠石最基本的组合形式和要求。组石主要取自然石，组合变化丰富，有二组石、三组石、五组石等，要求体现同色泽、同纹理，叠山手法和风格一致。一般五组石以上可称为一组假山，多组合构成山景。假山整体效果与局部层次、细部纹理都是由山石富于艺术性和巧妙的组合变化完成的。组石是进行叠石并贯穿各种类型假山艺术创作必须掌握的基本技巧。

四、假山结构设施

假山堆叠施工中，无论采用哪种结构形式，都要解决山石与山石之间的固定与衔接问题，而这方面的技术方法在任何结构形式的假山中都是可以通用的。这是与主体结构相对而言的，即利用主要山石本体以外的其他结构设施和方法来满足假山加固的要求。实际上，它通常是总体结构中的关键所在，在施工程序上它几乎和主体结构是同时进行的。

（一）平稳设施和填充设施

山石固定方法中，刹垫是最为重要的方法之一。因为假山施工中，通常力求叠石的大

面或坦面朝上,而底面必然会残缺不全、凹凸不平。为了安置底面不平的山石,通常在找平山石以后,用小石片将山石底部垫起来,以使山石保持平稳的状态。具体操作时,先将山石的位置、朝向、姿态调整好,然后于底下不平处垫以3~5块控制平稳和传递重力的石片直到石片被卡紧为止(图6-33),才能固定好山石。最后,用水泥砂浆把石缝全部塞满,使两块山石连成整体(图6-34)。

图6-33　山石衔接处垫以石片

图6-34　山石衔接处填充砂浆

（二）铁件加固设施

传统园林假山的结构设施中常定制一些铁件用于山石之间搭接或结构上的辅助加固,铁件要求用而不露,因此不易被发现。对于质地较为松软的山石,可在每一处连接部位用2~3个铁爬钉打入两相连接的山石上,从而将它们紧紧地固定在一起(图6-35);而对于质地坚硬的山石连接,则要先在地面用银锭扣连接好后再作为一整块山石用在山体上(图6-36)。

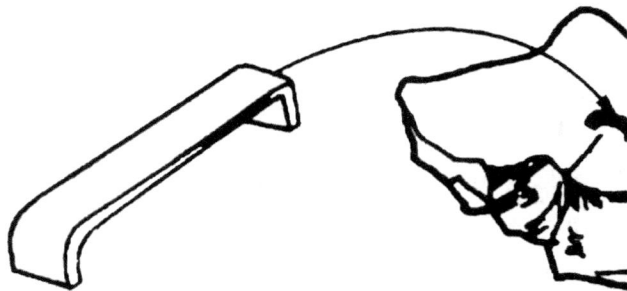

图6-35　铁爬钉

然而在现代假山施工中,由于使用水泥和更多利用结构力学原理,一般已很少采用掺加铁件的做法,仅在安装特大石峰、垫片不足以承压时夹用铁片加固,或在堆叠嵌壁假山悬挑收顶时作搭挂固定时偶尔采用。

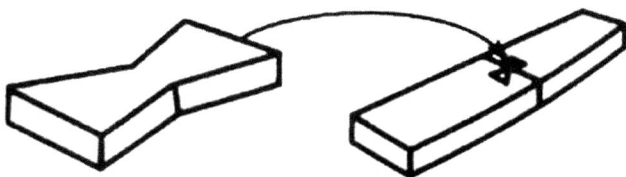

图 6-36　银锭扣

（三）填肚

有时,山石接口部位会有凹缺,从而使石块的连接面积缩小,也使相连接的两块山石之间呈断裂状,整体感不强。这时就需要通过"填肚"的方式来予以解决,具体是指用水泥砂浆把山石接口处的缺口填补起来,一直要填到与石面平齐。

（三）勾缝

勾缝,其作用是对所堆叠的山石之间和因镶石拼补后所留有的拼接石缝,进行补强和美化,使它们连成一体,成为一个有机整体。除了山洞之外,在假山内部叠石时只要使石间缝隙填充饱满、胶结牢固即可,一般不需要进行缝口表面处理;但在假山表面或山洞的内壁砌筑山石时,却要一面砌石一面勾缝并对缝口表面进行处理。在假山施工完成时,最好还要在假山上预留的种植穴内栽种绿化植物,比如藤蔓植物、姿态优美的灌木等,使植物与山体融为一体,更易使山体逼真。

山石之间的胶结是保证假山牢固和能够维持假山一定造型状态的重要工序,但现代假山所用的结合材料与古代假山是不同的。现代假山勾缝所用的材料大都是水泥砂浆,太湖石假山因水泥砂浆和自然的太湖石色泽较为接近,所以一般不再掺色;如果是黄石假山则必须加入土黄色粉,以近似黄石的色泽,现一般常用铁红和中黄两种氧化亚铁颜料,按不同需要配比。假山勾缝要求饱满密实,收头要完整,并适当留出一定的山石缝隙。

五、施工质量与安全要求

（一）质量要求

园林假山的堆叠质量,除了堆叠技术和山石材料选用因素以外,艺术要求也是非常重要的部分。堆叠假山的过程是一种亲历艺术创作的体验,创作灵感和技巧的发挥以及用材和作业的特殊性,使得每一件作品都会有不同的艺术效果,其魅力无穷。但在施工过程中要注意把握总体效果,追求叠山形（山的组合、形态、轮廓）、纹（山的细部结构、纹理）、意（山的意境）的和谐统一。从大处着眼,是指掌握山体的走向和形状外曲线、层次;从细部

着手,是指石与石的连接、纹理、色泽、镶拼、勾缝。

假山是由单体山石分类组合叠成,其施工是"集散为整"的工艺过程,施工质量通常要求外观整体感好,结构稳定,填馅灌浆或灌混凝土饱满密实,勾缝自然,无遗漏。

(二)安全要求

假山堆叠的特殊性,容易导致假山施工作业中存在许多影响安全的不确定因素。由于实际施工中作业人员往往承担着一定的设计结构(无施工图)风险,因此叠山时作业人员必须重视施工安全,而了解和掌握叠石安装安全要求是进行叠山艺术创作的首要前提。

在具体施工准备和施工过程中,必须遵循"安全第一,预防为主"的安全方针。通常要求施工前对施工人员进行安全交底,增强其自我保护意识,在具体施工过程中则要求作业人员严格执行安全操作规程。总体上,主要包括施工人员应按规定做好劳动保护工作(图 6-37),山石吊装应由有经验的人员操作(图 6-38),高度 6m 以上的假山应特别考虑荷载问题并分层施工等。

图 6-37　假山施工中的人力操作　　　　图 6-38　假山施工中的机械操作

第四节　塑石假山及其施工

在现代园林中,为了降低假山石景的造价并增强其整体性,也常常采用水泥等材料以人工塑造的方式来制作假山或石景。但塑造的山与自然山石相比,会有不同程度的干枯、缺少生气等缺点,因此在设计时要多考虑与假山周边绿化、水景的整体掩映,以尽量消除人工气息,弥补其不足。这种假山形式毕竟是用人工材料塑成的,难以完全表现真石本身的质地之美,对施工工艺和整体造型的要求当然更高一些,否则就只宜远观而不宜近赏。

近年来,塑石假山(图 6-39)在国内园林绿地中得到了广泛的应用,并且随着施工工艺的不断提高,塑石假山的表现效果有了很大的提升,此种假山施工方式正越来越受到大家的青睐。

图 6-39 塑石假山

一、常见塑山类型

园林塑山根据其骨架材料的不同,目前常见的主要有如下几种表现形式:

(1)砖骨架塑山:即以砖石作为塑山骨架,一般适用于小型塑山。

(2)钢骨架塑山:即以钢筋、钢丝等钢材作为塑山骨架而成型的塑山类型,通常适用于大型假山、屋顶花园塑山的塑造。在具体工程实践中,钢骨架塑山的应用较为灵活,可根据山形、荷载大小、骨架高度和环境情况而采取相应的做法。

(3)GRC 塑山:GRC 是玻璃纤维强化水泥(Glass Fiber Reinforced Cement)的缩写,以此为材料创作的山景或山水景称为 GRC 假山。

二、塑山特点

塑山在现代园林景观中得到大量应用,主要是基于以下几大特点考虑:

(1)可以塑造较为理想的艺术形象——雄伟、磅礴、富有力感的山石景,特别是能塑造难以采运和堆叠的巨型奇石。这种艺术造型较能与现代建筑相协调。此外,还可通过仿造,表现黄腊石、英石、太湖石等不同石材所具有的风格。

(2)可在非石材生产地区布置山石景,可利用价格较低的材料,如砖、沙、水泥等。

(3)施工灵活方便,不易受地形、地物限制,在不适宜重量较大的巨型山石进入之处,如室内花园、屋顶花园等,仍可利用塑山具有的自身重量轻、可塑性好、灵活性强、易施工、施工速度快等优点而予以应用。

(4)可在山体中有目的地预留种植穴以栽培植物,从而进行绿化美化。

三、塑山施工技术

由于塑山的造型、皴纹等外观表现要靠施工者的手上功夫,因而对工人师傅的个人修养和技术水平要求较高。常见塑山的施工流程与技术要求主要如下:

（一）设置基础

对砖骨架塑山,塑山范围内基础应满打灰土或碎石混凝土,基础的厚度根据设计所确定的荷载大小而定;对钢骨架塑山,其柱基础多用混凝土浇筑,应当确保钢柱（或预埋件）埋入的位置和深度。

（二）建造骨架结构

在实践中,常见的骨架结构有砖结构、钢架结构以及两者的混合结构等,主要根据设计所要求的山形、荷载大小等因素来确定。

骨架多以内接的几何形体为桁架,以作为整个山体的支撑体系,并在此基础上进行山体外形的塑造。根据外观造型需要,在主骨架基础上应逐渐细化结构形体,逐渐使整体的框架外形尽可能接近设计图纸所要求的山体外形。

（三）铺设钢丝网

钢丝网在塑山中主要起到成型及挂泥的作用。钢丝网主要用于钢骨架塑山,砖结构塑山可设或不设钢丝网,一般形体较大者都须设钢丝网。钢丝网要选易于挂泥的材料。若为钢骨架,宜先做分块钢架附在形体简单的钢骨架上,变几何形体为凹凸的自然外形,其上再挂钢丝网,钢丝网与钢骨架需绑扎牢固。

（四）打底与抹面

骨架完成后,应先打底,即在钢筋网上抹灰两遍,配料为水泥＋黄泥＋麻刀。其中水泥与沙为 1∶2,黄泥为总重量的 10%,麻刀适量,水灰比为 1∶0.4,以后各层不加黄泥和麻刀。砂浆拌和必须均匀,随用随拌,存放时间不宜超过 1h,初凝后的砂浆不能继续使用。

为了体现山的皴纹和质感,要重点做好塑山表面的修饰工作,在其外表面细致地刻画石的质感、纹理和表面特征。质感应根据设计要求,按粗糙、平滑、拉毛等塑面手法处理;纹理的塑造,需要多次尝试,反复观察,边塑边改,最终达到每个局部均能充分显示自然山石的质感。为了进一步增强塑山的自然真实感,除了纹理的刻画外,还要做好山石的自然特征如缝、孔、洞、裂等细部的处理,使造型、纹理和表面刻画基本上接近设计要求。这是对塑山外形的初步塑造。

在整体处理中,山脚应表现粗犷,有人为破坏、风化的痕迹,并多有植物生长;山腰部分,追求皴纹的真实,应作出不同的面,强化力感和楞角,以丰富造型;山顶,可将轮廓线渐收同时色彩变浅,以增加山体的高大和真实感。

（五）上色

最后,根据石色要求,可在面层砂浆中添加颜料及石粉调配出所需之色;或在塑面水分未干透时用颜料粉和水泥加水拌匀,逐层洒染;或根据石色要求刷或喷涂非水溶性颜料。在石缝、孔、洞或阴角部位略洒稍深的色调,待塑面九成干时,在凹陷处洒上少许绿、黑或白色等大小、疏密不同的斑点,以增强塑山的立体感和自然感。颜色要仿真,可以有适当的艺术夸张,如上部着色略浅,纹理凹陷部分色彩要深。同时为体现光泽,可在石的表面涂过氧树脂或有机硅,重点部位还可打蜡。此外,还应注意青苔和滴水痕的表现,时间久了还会自然地长出真的青苔。

复习思考题

1. 简述假山和置石的区别。

2. 简述假山的类型。

3. 常用的山石材料主要有哪些?

4. 简述太湖石假山和黄石假山间的风格差异。

5. 简述假山结构及其作用。

6. 简述假山基础层施工的常见做法。

7. 简述山石结体的主要形式。

8. 简述假山勾缝的施工要点。

9. 简述假山施工的质量要求。

10. 简述假山施工的安全要求。

11. 简述塑石假山的特点。

12. 简述塑石假山的一般施工流程。

实训项目六 "假山工程施工"实训操作

[实训目的]

通过开展假山工程施工现场实训操作,主要让学生进一步掌握假山施工的山石材料选择以及假山施工过程等方面的相关知识与要点,并通过现场实训操作来掌握假山堆叠技法方面的相关实践操作技能。

[实训要求]

按班级人数情况,一般5人为一组,以组为单位进行施工操作。要求在实训课期间当场完成,并做好施工过程记录。

[实训材料与设备]

水泥、沙、有关山石材料(如太湖石、黄石等)、铁抹子、钢钎、小手锤、水平尺、钢卷尺、手推车等。

[实训场地]

学校园林工程综合实训基地或者校外紧密型校企合作企业的项目施工现场。

[实训内容]

每个小组根据自己设计并选定的假山设计详图(底层平面图、顶层平面图、立面图等),在识图并掌握该假山图纸施工要点的基础上,做好以下操作内容:

(1)每组分别在实训现场完成假山堆叠的实训操作任务,主要围绕有关假山堆叠技法而展开,符合施工质量规范和验收要求。

(2)每组做好本组施工全过程记录(包括文字、照片等),提交本组施工小结报告一份。

主要参考文献

[1]北京宜然园林工程有限公司.园林绿化工程施工工艺标准[M].北京:中国建筑工业出版社,2012.

[2]陈科东.园林工程施工技术[M].北京:中国林业出版社,2007.

[3]陈祺.山水景观工程图解与施工[M].北京:化学工业出版社,2008.

[4]陈祺,周永学.植物景观工程图解与施工[M].北京:化学工业出版社,2008.

[5]陈祺,杨武.景观铺地与园桥工程图解与施工[M].北京:化学工业出版社,2008.

[6]陈祺,刘卫斌,韩兴梅.园林基础工程图解与施工[M].北京:化学工业出版社,2012.

[7]郭丽峰.园林工程施工便携手册[M].北京:中国电力出版社,2006.

[8]毛培琳,朱志红.中国园林假山[M].北京:中国建筑工业出版社,2004.

[9]任莅棣,雷芸.建筑环境空间绿化工程[M].北京:中国建筑工业出版社,2006.

[10]孙俭争.古建筑假山[M].北京:中国建筑工业出版社,2004.

[11]田建林.园林假山与水体景观小品施工细节[M].北京:机械工业出版社,2009.

[12]田建林.园林景观铺地与园桥工程施工细节[M].北京:机械工业出版社,2009.

[13]田建林,张柏.园林景观地形铺装·路桥设计施工手册[M].北京:中国林业出版社,2012.

[14]田建林,由远晖.园林工程施工禁忌[M].北京:中国建筑工业出版社,2011.

[15]吴卓珈.园林工程(二)[M].北京:中国建筑工业出版社,2008.

[16]谢云.园林植物造景工程施工细节[M].北京:机械工业出版社,2009.

[17]肖创伟,赵晓平.园林工程施工技术[M].郑州:黄河水利出版社,2011.

[18]喻勋林,曹铁如.水生观赏植物[M].北京:中国建筑工业出版社,2004.

[19]《园林景观设计与施工细节CAD图集》编写组.园林景观设计与施工细节CAD图集·铺装与植物造景[M].北京:化学工业出版社,2013.

[20]《园林景观设计与施工细节CAD图集》编写组.园林景观设计与施工细节CAD图集·假山与水景[M].北京:化学工业出版社,2013.

[21]筑龙网.园林施工材料、设施及其应用[M].北京:中国电力出版社,2008.

[22]筑龙网.园林工程施工方案范例精选[M].北京:中国电力出版社,2006.

[23]浙江省建设厅.河道生态建设技术规范[M].北京:中国计划出版社,2007.

[24]浙江省住房和城乡建设厅.浙江省园林绿化工程施工质量验收规范[M].杭州:浙江工商大学出版社,2010.

[25]浙江省住房和城乡建设厅.浙江省园林工程施工规范[M].杭州:浙江工商大学出版社,2014.

[26]浙江省住房和城乡建设厅.城镇景观河道养护技术规程[M].杭州:浙江工商大学出版社,2009.

[27]中国风景园林学会园林工程分会,中国建筑业协会古建筑施工分会.园林绿化工程施工技术[M].北京:中国建筑工业出版社,2008.

[28]中华人民共和国住房和城乡建设部.园林绿化工程施工及验收规范[M].北京:中国建筑工业出版社,2013.